顯微鏡後的隱藏者

改變世界的女性科學家

微生物學家 劉仲康
生物學傳記作家 鍾金湯
◎合著

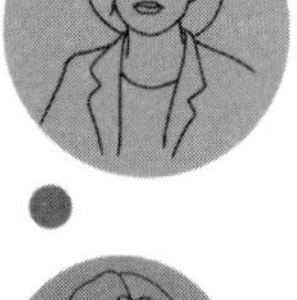

因為她們，我們存在

你不該只知道居禮夫人，更不該只認識愛因斯坦，
有更多的女科學家讓我們不再受天花的威脅、
了解DNA的重要、能運用抗生素對抗病毒……，
她們的堅持才可以推動世界的前進。

推薦序　她們是致力科研與追求平權的典範

中山大學特聘教授、物理系教授兼副校長　蔡秀芬

身為曾經是中華民國物理學會（現更名為臺灣物理學會）女性工作委員會召集人及主持「典範學習—體驗萌芽—展翅起飛：女科技人才培育計畫」的我，高興看到好同事劉仲康教授與其好友鍾金湯教授以女性生物醫藥學家為主角，對在一九〇〇年代初期背景與研究環境限制下，女性科學家研究生物醫學的事略與貢獻寫成一篇篇雋永的科學傳記並集結成書，即將出版。

書中蒐集了十六位在生物醫藥領域有重要貢獻的女性科學家，除了我們耳熟能詳獲得諾貝爾物理及化學獎殊榮的居禮夫人外，還包括排除眾議推動天花種植人痘的孟塔古夫人、以身力行推動護理教育降低死亡率的南丁格爾、第一位完成醫學教育並在美國設立第一所招收培育女性醫師醫學院的布萊克威爾、推展公共衛生並爭取美國女性也能與男性平等享有投票權的貝克醫師、分離出白喉桿菌並製出抗毒素血清的威廉斯、專注於細菌傳染病的研究並且促進制定強制牛乳全面使用巴氏滅菌之法律的艾雯絲、開發治療

非洲昏睡病藥物的皮爾絲、將抗菌血清標準化且發現磺胺藥物有效治療奈瑟氏球菌腦膜炎感染的布蘭瀚、發展出蘭西菲爾德血清反應對人類對抗鏈球菌戰爭有不朽貢獻的蘭西菲爾德、研究肝醣貯存失調並了解醣類代謝機制而獲得諾貝爾生理醫學獎的科里，發現殺真菌抗生素——寧司泰定（nystatin）並以銷售寧司泰定獲利所獲得的權利金成立布朗·哈珍基金會用於資助教育和科學研究的布朗、對百日咳的成因及病理發展有卓越貢獻的皮特曼、發明新生嬰兒亞培格量表的麻醉科醫師亞培格、發現DNA雙股螺旋結構X射線繞射圖的富蘭克林、以及在水泡性口炎病毒中發現了RNA聚合酶而使夫婿巴爾的摩因發現DNA反轉錄酶而榮獲一九七五年諾貝爾獎的黃詩厚等。

閱讀本書深受每一位女性先驅一生為醫學研究，及推廣理想抱負而努力奮鬥的過程所感動，在性別不友善甚至於是粗暴的環境下堅持前進，大多數犧牲了個人的婚姻和家庭，她們把一切心力完全灌注在心愛的研究或社會關懷上，在強烈的意志力與堅忍的毅力下得以實現理想。她們一生中所有的成就與榮譽都是一步一腳印踏踏實實得到的。

女性科學家所面臨的壁壘，是許多男性所無法想像的。雖然她們的研究成果，在拯救人類免於受各類疾病威脅上確實做出重要的貢獻，然而她們的學術成就，往往無法得到同僚的肯定；她們所做出的貢獻往往無法被彰顯，甚至有時還會被歸功給實驗室其他的男性同仁或是被其夫婿的光芒所掩蓋。她們需要做出加倍的努力與貢獻，才能倖獲科學界的肯定。有時並不是每位研究者在世時就得到應有的肯定，例如布朗在她過世後十四年之後才被推薦成為美國國家發明家名人堂的一員；富蘭克林在DNA結構研究中所做出的關鍵X射線照片，是在諾貝爾獎得主華生於四、五十年之後的演講中才還給她公道，承認在發現DNA結構的過程中她所作出的卓越貢獻。儘管如此，這些女性先驅們仍然熱愛研究，甚至將其一生奉獻給學術研究，直至終老前一刻也無怨無悔。

從本書中也可以看出科學發展的歷程中，如果沒有第一位受完整醫學教育的女性醫師布萊克威爾所推動而設立培育女性醫師之醫學院，後面的女科學家在從事生物醫學研究的路途將會更加的艱辛。這些前輩們亦都是婦女平權運動的先驅，透過推動立法改善女性的社會地位，成立基金會挹注經濟資源支持後進。她們的成就亦讓人們逐漸肯定女性的研究能力。隨著時間的演進，近代女性在從事科學研究的環境上，雖然已經大有改善，但是距離得到與男性完全相同的平等待遇，則還有很長的一段路要走。

身為物理領域教育與研究之女性工作者，在生涯歷程中深深感受書中前輩們所經歷的性別壁壘與艱難。兩性失衡的現象不僅在生物醫學的學術領域上發生、在物理、化學、資訊工程等科技領域上亦同時在發生，甚至有時更甚於生物醫學領域。

藉這本書的出版，亦希望能喚醒大眾及學術界更重視在學術研究上的兩性平等對待問題，共同營造性別更友善之學術研究環境。也期許教師與家長們藉閱讀本書，鼓勵有志從事科學研究的年輕學子貢獻於學術研究，尤其是女性學子能見賢思齊，發揮人類之另一半智慧與女性的特質，勇敢追求抱負與理想。

自序　彰顯她們的非凡成就

劉仲康
鍾金湯　謹誌於公元二〇二〇年春

在十九世紀之前，人類的平均壽命不超過四十歲；到了現今，由於生活水平的提高與醫藥之進步，平均壽命已經超過七十歲了。然而這些醫藥上的進步，並非一蹴而幾，而是經過許多先驅科學家的努力才逐漸建立起來的。當我們享受著這些因醫藥進步而帶來的福祉時，很少有人知曉這些先驅科學家的貢獻，以及他們是在何種情境下做出這些發現而促進了醫藥的進步。本書二位作者從事教育工作多年，深感一般的生物醫藥教科書，多以傳授科學知識為主，很少提及科學發展的歷程；因此我們認為有必要讓社會大眾，尤其是年輕學子能夠有機會認識這些先驅科學家，以及他們是在何種因緣及時代背景之下從事研究工作，進而做出這些貢獻。冀望這些先驅學者的經驗與言行，對於從事科學研究的人員可起見賢思齊有為者亦若是的效果。

生物醫藥方面的先驅科學家非常多，不可能全盤介紹。有感於坊間無論是專業書籍或是科普書籍，對於女性科學家的介紹卻是鳳毛麟角，因此本書的取材以女性生物醫藥學家為主角。西方科學的啟蒙與教育向來以男性為主，女性在傳統上不被鼓勵接受教育，更遑論從事科學研究。即使在二十世紀，許多大學與研究所仍然只招收男性學生，女性接受高等教育的機會遠少於男性。即使少數有機會接受高等教育的女性，她們畢業後從事生物醫藥研究的條件，仍然受到很大的限制。例如被要求兼顧家庭、與男性相較同工卻無法同酬、研究室空間與經費和設備的分配無法比照男性，乃至於升遷與擔任重要職務機會的不公。此外，由於傳統女性的地位經常被忽視，她們所做出的貢獻往往無法彰顯，甚至還會被歸功給實驗室其他的男性同仁或是被其夫婿的光芒所掩蓋。因此能夠留名青史的女性科學家，往往要做出加倍的努力與貢獻，才能倖獲科學界的肯定。

因此本書作者乃不揣簡陋，在從事教學與研究之餘，盡力蒐集了十六位在生物醫藥領域有重要貢獻的女性科學家資料，尤其重視她們所處的時代背景與研究環境的限制，將她們的事略與貢獻寫成一篇一篇的傳記，陸續發表在國內的科普雜誌或網站上。現將之集結成冊，除了方便讀者閱讀外，並可作為通識教育的教科書或參考書籍，供青年學子及社會大眾，作為效法的楷模。

最後，我們在撰寫這些文章時，難免有所疏漏與錯誤，尚乞讀者諒解與不吝指教。

目錄

(photo credit : Mike Hillman , Robert Chamber's The Book of Days)

天花防疫的推手
——瑪莉・渥特莉・孟塔古夫人

（Lady Mary Wortley Montagu, 1689 ～ 1762）

「這一切都太有趣了.（It has all been most interesting.）」

——孟塔古夫人的臨終遺言

天花是人類史上重要的疫病，它是一種由病毒造成的急性傳染病，死亡率曾高達百分之三十至三十五。病毒通常感染皮膚、口腔與喉咽的血管組織，尤其會在皮膚上產生充滿液體的膿疱，痊癒後也會留下痂痕，造成麻臉；有時還會導致失明和四肢殘障。

天花最早大約出現在西元前一萬年，歷史上記錄曾反覆肆虐亞洲、歐洲和非洲等地區。一五二〇年西班牙殖民者將天花引入美洲，導致百分之九十至九十五沒有抵抗力的新大陸原住民死於此疫病，改寫了美洲的歷史。十八世紀期間，每年有超過四十萬的歐洲人口死於天花。即使在科學發達的二十世紀，也曾造成了總數約三至五億人口的死亡。

直到一七九六年英國醫生簡納（Edward Jenner, 1749-1823）發明牛痘天花疫苗後，我們才有了有效預防的武器，也澈底改變了人類的命運。一九八〇年世界衛生組織（WHO）終於宣布天花已完全絕跡，這是人類有史以來第一次從自然界中清除了一個人類的傳染病。

在牛痘疫苗的研究過程中，英國的瑪莉・渥特莉・孟塔古夫人（Lady Mary Wortley Montagu, 1689-1762）占有重要的地位；她是首位將東方國家接種人痘技術（源自於中國）引進英國的人，最後才促成了簡納發明牛痘疫苗。

中國發展甚早的人痘疫苗

中國史籍對於天花的記載，最早見於東晉葛洪（284-343）所著的《肘後方》一書。《肘後方》卷二載有「虜瘡」一症，這是世界上對天花最早的文字紀錄。相傳此病是東晉元帝建武初年間，豫章太守周訪於南陽擊退北方胡人（匈奴）時，擄獲之胡人染有此疾，因而傳入中國，故當時將之稱為「虜瘡」。

《肘後方》對於此病的症狀有詳確描述：「發瘡頭面及身，須臾周匝狀如火瘡，皆載白漿，隨決隨生；不即治，劇者多死」。而即使治好之後，仍然「瘡瘢紫黑」，留下疤痕。這比西方國家記載「天花」要早上了千餘年。

由於天花在中國非常猖獗，於是民間中醫逐漸發明了「人痘」接種技術，用來預防天花。據清朝俞茂鯤所著的《痘科金鏡賦集解》一書曾記載，明朝隆慶年間在寧國府太縣（今安徽太平縣）有人種痘，並由此推廣至全國。

而董含所著的《三岡識略》也記載安徽安慶張氏，使小兒穿著「痘衣」，可發輕症，來預防天花。張琰在其所著的《種痘新書》也敘述：「種痘者八、九千人，其莫救者二、三十耳。」可見種人痘雖然安全性不如現代的牛痘疫苗，但也確實發揮了保護人民健康的功效。

中國所發明的種人痘方法，歸納起來可以分成四種：一是「痘衣法」，將輕微天花患者的衣物給欲接種的人穿上，使其罹患後產生抵抗力。第二種「痘漿法」，用棉花沾染痘瘡之瘡漿，塞入欲接種之人的鼻孔內，使其感染。這兩種都是較原始的方法。三是「旱苗法」，把痘痂陰乾磨成細粉，用銀管吹入鼻孔內來感染。四為「水苗法」，把痘痂磨粉並用水調勻，用棉花沾染塞入鼻孔裡。

旱苗法與水苗法是比較進步的方法。至於痘苗也有保留貯存的方法，通常在痘痂脫落後，用烏金紙包好，緊封在乾淨的瓷瓶中，用時再研磨加清水調成糊漿，用棉花沾染塞入鼻中。

最初使用的痘苗是採用病人脫落的痘痂，叫做「生苗」，危險性大；後來才改用接種多次的痘痂，叫做「熟苗」，毒性小且較溫和。這種連續接種來弱化疫苗毒性的方法，與法國微生物學大師巴斯德（Louis Pasteur, 1822-1895）研發狂犬病疫苗的方法不謀而合。可見中國早期發展人痘疫苗的技術，已達爐火純青的地步，也符合現代免疫學的原理。

中國的人痘接種技術後來傳入鄰近國家，如日本、韓國和俄國。清朝俞正燮所著之

《癸巳存稿》記載：「康熙時俄國遣人至中國學痘醫，在京城肄業。」實際的年代是康熙二十七年（1688），俄國後來又將這種人痘技術，西傳到中亞及土耳其地區。

土耳其人將俄國傳來的痘苗接種技術略加變更，首先蒐集輕微病患的膿漿，放入容器內保存。接種時，先用針在接種者手臂上劃出一道刮痕，再用針蘸取膿漿塗在刮痕上，然後把將刮痕包紮起來。接種後會發出輕微的病徵，痊癒後就對天花產生免疫力。

中國的人痘接種技術雖然在十七世紀開始向西傳，但是最遠也只到達土耳其，當時歐洲對接種人痘疫苗的方法一無所悉。直到十八世紀，瑪莉・孟塔古夫人才將此技術引入歐洲，配合當時微生物學與免疫學的發展，最後促成英國醫生簡納發明牛痘天花疫苗，使天花疫病得到有效的控制。

開明且奔放的女性主義先驅

瑪莉・渥特莉一六八九年出生於英國一個富有的貴族家庭。四歲時，她的母親不幸因病過世，而父親對這個破碎的家庭也毫無興趣與責任感。幼年的瑪莉非常聰穎，除了善用父親收藏豐富的圖書自學外，也接受家庭友人布涅特主教（Bishop Gilbert Burnet）

的指導。非常年輕時便開始寫詩與傳記，二十歲時還將一部希臘斯多亞學派哲學家艾彼克泰德（Epictetus）的著作翻譯成英文。

瑪莉是位非常前衛的女性，她的開放作風比近代女權運動早了約三百年，聰穎又好辯，有人形容她是「機巧舌辯如毒蛇，文筆流暢如利刃」。她任性地隨自己的意願生活，充分體驗人生，還將她一生的經歷與體驗大膽而精細地寫在日記與信件中。她的著名詩人朋友波普（Alexander Pope）曾親眼目睹她的大膽豪放，描述說：「她是一位夏娃，她不僅嘗了一顆禁果，她還嘗遍了整棵樹上的禁果。」

二十三歲那年她不顧父親反對，與愛德華・孟塔古（Edward Montagu）私奔到土耳其的君士坦丁堡結婚，成為孟塔古夫人。孟塔古先生本是英國國會「輝格黨（Whig）」的議員，被派到奧圖曼帝國英國駐土耳其大使館工作。隔年，孟塔古夫人在君士坦丁堡生下一個兒子——小愛德華（Edward Montagu, Jr.）。

一七一六年孟塔古先生被任命為英國駐土耳其大使。身為大使夫人的孟塔古夫人，仍然不改她豪放的作風，經常外出親身體驗土耳其的異國風情。她的女兒瑪麗則於一七一八年出生。

在土耳其的日子

在土耳其，孟塔古夫人可不像其他英國婦女，只會待在大使館的堡壘裡聊天、喝下午茶。她喜歡外出觀看這個充滿異國風情的神祕國家，親身體驗許多事物。她對土耳其人很感興趣，結交了許多新朋友，並且對土耳其的政治體系與風俗習慣寫下許多的紀錄。她發現土耳其婦女非常斯文有禮，並盛讚土耳其婦女的財產權制度，因為土耳其離婚婦女不但能夠保有財產，並且可從離婚丈夫處取得贍養費。

孟塔古夫人對土耳其之醫療保健工作與天花接種尤其有興趣，可能是由於她的弟弟死於天花，而她本身也在一七一五年不幸罹患過天花，導致她的美麗容貌受到損傷，不但臉部皮膚留下疤痕，同時也喪失了睫毛。

由於患過天花的人會對天花產生免疫力，因此她毫不畏懼的親近一些土耳其天花患者，仔細觀察與記錄有關天花的許多事物。就是在這種情況下，她學會了土耳其人接種人痘的方法。

一七一七年孟塔古夫人寫了一封信給她的朋友莎拉・齊斯威爾（Sara Chiswell），信中詳述土耳其人接種人痘的詳細步驟過程，「天花是如此的致命又普遍地存在於人類社會，但在這兒卻因為發明了接種技術而變得完全無害。……老女人拿來充滿天花漿液的硬果殼，……以針頭將毒液盡量注入血管。……他們會發燒臥床兩天，很少超過三天，……八天之後便完全恢復健康。……沒有一個人因此而死亡，妳會相信我非常滿意這個實驗結果，因為我打算將我兒子也接種……。」

一七一八年三月十八日，孟塔古夫人五歲的兒子小愛德華在伊斯坦堡的夏季居所內接種了人痘疫苗，由一位有經驗的希臘女人和大使館內的外科醫師麥特蘭（Charles Maitland）共同執行，接種的天花漿液是從一位罹患輕微天花病人身上取下的。這次接種是成功的，小愛德華沒有發病而存活下來了，並有可能是有史以來第一位接種天花疫苗的英國人呢！

由於這次接種非常成功，孟塔古夫人對這種接種人痘的技術更加有信心了。她心想，既然土耳其人和眾多的東方人早已用這種技術來預防天花，那麼長期受到天花肆虐的英國與許多歐洲國家，也應該可以享受到這種接人痘來預防天花的福利。或許是基於愛國心的驅使，她暗暗下定決心：有朝一日要將這個接種人痘的方法介紹到英國，並加以推廣。

在英國大力推廣接種人痘

一七二一年孟塔古夫人返回英國，當時天花正在大流行並席捲了整個英國本土，因此她特地召回麥特蘭醫師共同於英國推展天花接種，然而這項工作進行得並不順利，主要是受到醫學界與教會人士的強力反對。

由於孟塔古夫人與威爾斯公主凱洛琳（Caroline Princess of Wales）熟識，因此藉由私人關係直接找上了英王喬治一世（King George I）出面。透過皇家學會的祕書史勞安公爵（Sir Hans Sloane）的協助，安排了二次出人意表的人體實驗，來確認天花接種是安全的，以便說服醫界與民眾。

首次的人體實驗是用英國紐蓋特（Newgate）監獄的六位死刑犯人來進行，要他們接受孟塔古夫人新買進的天花疫苗，否則就接受絞刑。結果實驗成功，這六位死刑犯除了在接種部位留下一些疤痕外，並未發病而重獲自由了。

第二次的實驗則是選擇一家孤兒院中的十一位孤兒來進行，同樣的，結果也非常令人滿意。為了以身作則，孟塔古夫人又讓她三歲的女兒也接種疫苗。這一系列實驗的成功，大大地鼓舞了民心。

孟塔古夫人在這二次人體實驗成功之後信心滿滿，宣稱：「我想沒有人會再反對或懊悔接種了。」由於她是一位愛出風頭又善於宣傳的人，因此把握機會大力宣揚與推廣預防天花的新技術。

當然，這種新技術並不是完全安全的，仍然有人因為接種了天花而發生感染的後果，但是也有相當大比例的人因此對天花終身免疫。當時英國上層社會有兩百餘人接種了天花疫苗，甚至連英王也讓他的兩位孫子接種。

麥特蘭醫師還將這次的天花接種經過與結果寫成一本四十頁的書《天花接種記事》（Account of inoculating the smallpox），並於一七二三年在倫敦出版。至一七二九年，英國總計有八百九十七人接受了天花接種，其中有十七人不幸罹病而喪失生命。

雖然這種接種的技術仍非百分之百安全，但是也間接促成了日後簡納醫生研發出更安全的牛痘疫苗。以今日的醫學觀點來看，直接用人體來從事一項危險的醫學實驗，是絕對不允許的，然而在當時天花肆虐的年代，孟塔古夫人以其敏銳的觀察力，以及大膽的前瞻作風來推動接種，對後世醫學產生了重大的正面影響，因此在人類對抗天花的歷史上，孟塔古夫人可說接種疫苗防疫的先驅，也使她在醫學史上占有一席之地。

豪放的感情生活

孟塔古夫人於一七一五年透過丈夫結識波普，之後波普情不自禁地愛戀上她，曾寫了許多首情詩獻給她，二人之間維持了數年的深厚友誼。但是之後約在一七二二年，孟塔古夫人顯然對這段友誼感到厭煩了，甚至將波普寫給她的情詩公開，並嘲笑波普，導致波普由愛生恨，此後寫了許多攻擊與詆毀孟塔古夫人的文章。

這段期間，孟塔古夫人與荷威爵士（Lord Hervey）成為膩友，二人合寫了許多詩句與文章反擊波普，其中有許多詩句被認為是孟塔古夫人一生著作中的菁華。她還公開稱讚荷威：「世界是由男人、女人以及荷威構成的」。

不久，孟塔古夫人愛上一位名叫雷蒙（Remond）的法國人。為了愛情，她提供金錢給雷蒙從事一些內線交易，但是投資失利損失了大半。雷蒙卻將損失列為孟塔古夫人的債務，並威脅要向她的丈夫舉發，此舉導致二人激烈爭吵，反目成仇。最終不但喪失了所有的投資，雷蒙甚至還用黑函威脅孟塔古夫人，真是人財兩失。

從一七三六至一七四二年間，她又迷戀上一位名叫阿格羅地（Francesco Algarotti）的義大利學者，並於一七三九年離開丈夫從英國獨自遠赴義大利威尼斯，與阿格羅地相聚。但沒多久後，她又對阿格羅地感到厭煩，此後二十年她便獨自旅居在法國與義大利各地。孟塔古先生對她很慷慨，除了供給她充裕的贍養費外，還經常與她通信，並保留下他們所寫的所有信件。

一七四〇年她與霍勒斯．渥波爾（Horace Walpole）——英國著名文學家、歷史學家，哥德式小說之父——在威尼斯相遇，渥波爾顯然不喜歡孟塔古夫人的作風，還把她不羈的行徑地描述為：「厚顏無恥、貪婪、又荒謬。」

晚年與身後評價

雖然孟塔古夫人與丈夫於一七三九年離異，且終生再也沒有相見，但是二人仍一直維持友好的關係，她持續寫了許多封信件給孟塔古先生，直至一七六一年他過世為止。次年（1762）漂泊國外多年的她因罹患乳癌也終於回到英國，並於當年八月二十一日去世，結束了她多采多姿的一生，享年七十三歲。

她的詩集於一七六三年出版，為她贏得很高的評價，建立了她在文學上的地位。雖然她的大部分作品並沒有出版，並且散失了，但是她仍被公認為是介於英國第一位職業女作家艾佛拉・班恩（Aphar Behn）與著名文學家珍・奧斯汀（Jane Austen）中間的一位重要西方女作家和詩人。在其死後多年，英國出版界仍陸續將她的作品輯印成書。

一七四七年，威廉・溫沃斯伯爵（William Wentworth）為了感念孟塔古夫人在人類知性上的貢獻，於其豪宅溫沃斯城堡（Wentworth Castle）的花園內，豎立了一個尖石塔石碑來紀念她。

綜其一生，她精采豐富的經歷、放蕩形骸又驚世駭俗的行徑、在天花疫苗與醫學改革上的貢獻、以及遺留給世人的文學著作，或許可以用她留下的臨終遺言：「這一切都太有趣了。（It has all been most interesting.）」來做個總結吧！

科學家小事典

瑪莉・渥特莉・孟塔古夫人

・著名文學作家及女權先驅。

・自土耳其將天花接種人痘技術帶回英國，間接促成牛痘疫苗的發明。

(photo credit : Shutterstock image)

現代護理學的奠基者
——**佛羅倫斯 ‧ 南丁格爾**

（Florence Nightingale, 1820 ～ 1910）

「看！ 在那悲慘的房中，我見到一位提燈的女士。」

——朗費羅

相信大家對二〇〇三年發生的「嚴重急性呼吸道症候群」（SARS）還記憶猶新吧！在這場慘烈的疫病流行期間，許多醫護人員奮不顧身的投入對抗疫病的行列，甚至犧牲了性命，這種崇高的情操，令人動容，並充分感受到護理工作的辛勞與危險。是什麼因素讓這些護理人員從事這個行業？護理這個行業又是如何發展出來的呢？讓我們來看看現代護理學的濫觴！

佛羅倫斯・南丁格爾（Florence Nightingale，以下簡稱南丁格爾）被公認是現代護理學的奠基者。在十九世紀初期，護理還算不上是一個專門職業。在當時的歐洲，護士都是由一些未受教育的社會低層人士來擔任，因此護理也不是一個受到尊敬的行業。然而，南丁格爾卻憑一己之力，扭轉了這個看法。

她革命性地改變了護理教育的體系，致力提高這個行業的專業水準，使護理成為現代醫學領域中一個重要的學門。此外，她還是近代首先應用統計學於醫學研究上的先驅者，是第一個利用統計結果來改善軍隊、醫院以及診所病人健康的先進。

出身英國上層富有家庭

南丁格爾在一八二〇年五月十二日，出生於義大利的佛羅倫斯，這也是她的名字Florence的來由。

她的父親叫做威廉・愛德華・南丁格爾（William Edward Nightingale），母親叫做法蘭斯・史密斯・南丁格爾（Frances Smith Nightingale）。她是家中的次女，其上尚有一位姊姊。家庭非常的富有，是屬於上層階級的英國大地主。在她兩歲時，全家搬回到英國倫敦，很快成為當時倫敦上流交際圈中具有影響力的家族。

就像世界上其他地方一樣，當時英國的女性並不被期望要接受教育，或是發展她們的事業。她們社交的目的就是要結識結婚對象，並且成家育子。但是南丁格爾的父親卻是一位非常睿智的人，他認為女性也應該同樣地接受教育。他親自教導她的女兒義大利文、拉丁文、希臘文、哲學、歷史、寫作和數學。

幼年的她非常喜歡閱讀，也充滿了愛心，在父親的農莊內，經常照顧生病的農人以及受傷的動物。十二歲那年便下定決心，將來要有所作為。

年輕的南丁格爾是一位非常有魅力的女性，吸引了許多的愛慕者。但是她內心明白，婚姻並無法滿足她的雄心抱負；她甚至認為傳統的婚姻生活，簡直與自殺無異。她拒絕了無數富有的年輕追求者，並下定決心要做一位單身女性。這在當時，可真是非常前衛的思想！

南丁格爾虔誠的信奉上帝。據說，十七歲那年，她在家中的花園內聽到上帝對她的召喚，並賦予她生命中最重要的一個任務：透過服務人群來侍奉上帝。

壯志得伸，展開護理生涯

南丁格爾下定決心要從事護理工作，這可震驚了她的雙親。在南丁格爾家族所屬的社會階層裡，一位女性要從事任何的職業，都是非常激進的做法。更何況護理在當時被視為與卑微的下女無異，有身分的人絕不會考慮從事護理工作。

在當時，護士常被描繪成是一群粗俗無禮又濫交的醉鬼。南丁格爾就曾親自向她的父親說過，一位倫敦醫院的護士長告訴她：「我從未聽過有哪個護士不是醉鬼。」當時許多的護士在病房內，常與病人發生一些不道德的行為。南丁格爾的父親希望她能改變想法，最好是結婚成家，安定下來。

由於她的雙親禁止她去當護士，於是南丁格爾便向上帝乞求指引，使她以照顧病人的方式來服侍上帝的信念更堅強了。她感覺到，一生的使命，就是要轉變擴展護理的角色。為了充實自己，她焚膏繼晷地閱讀大量醫學與保健書籍；又到倫敦一些醫院去實際觀察護士的工作情形；甚至還私下深入貧民窟替兒童服務。可以想像此時南丁格爾的心情，一方面心中充滿了抱負，一方面卻又礙於父母的反對而壯志不得伸。

到了一八五一年，三十一歲的南丁格爾終於說服父母，讓她到位於德國杜塞道夫的一間由新教徒女執事負責的醫院及孤兒院去學習三個月。這間醫院後來稱做「凱薩斯維特新教女執事學院」（Institute Protestant Deaconesses, Kaiserswerth）。她與父母親約定，不會聲張此行，以免父母在親朋之間失了顏面。

學習結束之後，她不顧父母的反對，進入一間位於巴黎附近由仁愛修女會（Sister of Mercy）經營的醫院服務，終於如願以償進入一心所嚮往的護理行業。

一八五三年，學成的南丁格爾返回倫敦。她在倫敦的一間「專為淑女生病服務」的醫院，擔任無給職的護理督察。她的工作包括監督護士、使院內各種設備能發揮功用，以及確保藥物的純淨。

她大幅度改善了該院的條件，不久後更擴充醫院，治療所有階層與任何宗教信仰的病人。此時她也下定決心，要設立一所專門訓練護士的學校，但這個心願要直到七年後才得以實現。

志願前往克里米亞戰場

一八五三年土耳其與俄國爆發克里米亞戰爭，隔年三月，英國與法國為了支持土耳其，也捲入了這場戰事。英、法兩國組成聯軍，進攻黑海北岸的克里米亞（Crimea）。九月二十日，英法聯軍在艾瑪河打了一場小勝仗，並展開攻取俄國在塞瓦托浦海軍基地的戰役。就在此時，《泰晤士報》的記者羅素（William Howard Russell），報導了大批英國軍隊在前線死於戰傷、霍亂和傷寒的消息。軍中的外科醫生不但少得可憐，甚至連包紮傷口的繃帶等用品都不足，生病與受傷的英軍幾乎毫無醫療可言，可說是只能等死。靠近康士坦丁堡的思庫塔瑞英軍醫院中，竟連一位合格的護士都沒有，這所軍醫院的環境汙穢、不衛生，而且缺乏設備，英軍幾乎被傷口感染及疫病澈底打垮；但是相對的，法國醫院卻有將近五十位的仁愛修女會的修女在照顧病人。

在那個時代，人們還不曉得微生物圍繞在我們四周，無論是空氣、水、土壤以及一切器具都可能導致細菌感染。基本的衛生觀念都缺乏，更遑論使用消毒劑或是清潔劑。具記載當時有位著名的匈牙利醫生撒美爾威斯（Ignaz P. Semmelweis，1818-1865）因為主張當時死亡率極高的產褥熱是由於在生產過程中，被接生醫師不潔的手與器械感染所導致，竟被頂頭上司給開除；而細菌會導致疾病的學說直到一八七二年，才由德國細菌學家柯霍（Robert Koch，1842-1910）提出。所以當時又有誰會相信受傷軍人的傷口細菌感染，是由骯髒的清洗水及器械所導致的呢？

來自戰地的新聞繼續報導這場戰爭是多麼的可怕，以及軍醫院的情況是多麼的糟糕。公眾開始反對英國政府繼續參加這場戰爭。具有強烈使命感的南丁格爾，此時寫了一封信給英國作戰部長（Secretary at War），也是她長期以來的朋友——賀伯特（Sidney Herbert），向他請求志願到克里米亞戰場去服務英軍。湊巧的是，賀伯特也正要開口請求南丁格爾率領一個由三十八名護士組成的醫護團，到前線去照顧受傷的英軍。除了得到英國政府的支持外（諷刺的是，軍方並不支持），南丁格爾也獲得《泰晤士報》所募集到的財務支持。她在克里米亞的工作，以及她所見到的狀況，決定了她這一生以護理為天職的命運。而歷史也被她改寫了！

一八五四年十一月五日，南丁格爾抵達思庫塔瑞英軍醫院，那裡的情況可真是糟糕透了，簡直就像一個人間煉獄。

以棚架搭建的簡陋醫院，到處都是老鼠和昆蟲。而棚架之下，就是充滿了骯髒排泄物的汙水溝。從無數溝孔吹出的臭氣，瀰漫在走道與擁擠的病房中，病人就躺在草蓆上；而由於帆布床面非常粗糙，傷兵哀求照顧人員將他們抬起，並放在本該用來保暖的毛毯上。

基本的外科器械與藥物嚴重缺乏，而物資的分配又被軍方的官僚系統所延宕。虛弱而憔悴的病人忍受著戰傷、凍瘡以及下痢，而無數的年輕生命，被霍亂與傷寒奪走。

南丁格爾的決心與能力的展現

戰爭史上，在戰場上由疾病感染造成的死亡人數，往往遠超過戰爭直接造成的傷亡。根據南丁格爾的統計數據顯示，克里米亞戰役的第一個月，軍人的平均年死亡率高達六成，這個結果遠超過一六六五年倫敦黑死病大流行時的死亡率。而到了一八五五年一月，死亡率則達到了高峰。如果兵源不能適時補充，光是疾病就會將克里米亞的英軍全部消滅。

面對改變現狀的挑戰，南丁格爾展現出她處理行政事務的決心與能力。但是憎恨而不歡迎她的軍方卻向她施加極大的壓力，除了因為她只是一位平民，更糟的是，她還是一位女性。

起初，她帶來的護士甚至不准進入病房，她必須跟一些職位低的軍官抗爭才能達到目的。比方說，軍品供需官拒絕將奇缺的襯衫先發放給病患，而必須要等到官方的檢查委員會將運到的軍需品全部檢查完畢後，才開始作業。

不難想像，她那時所面對的境況有多麼艱困，幸好她是獨立於軍方之外，因此她能完成許多官方體系下無法做到的事。她擁有自己的帳戶，而資金來源除了《泰晤士報》外，還包括許多慈善家的捐款。她強而有效地改變了思庫塔瑞英軍醫院的悲慘局面，她建立起自己的洗衣房，以及燒水的鍋爐；她在醫院裡建造額外的廚房來供應餐食給全醫院；她還設立一般物品供應中心，提供襯衫、桌椅、毛巾、肥皂、牙刷、刀叉、湯匙、除蝨粉、剪刀、便盆、枕頭等日用品給病患。

雖然忙於繁雜的行政事務，但是她每天仍然抽空去親自照顧病患。通常在夜間，她會手提著一盞小小的燈巡行於病房，一方面探視病人，一方面檢查醫院設施。

美國著名的詩人朗費羅（Henry Wadsworth Longfellow, 1807-1882）曾為這位可敬的

女士寫下膾炙人口的不朽詩句：「看！在那悲慘的房中，我見到一位提燈的女士。（Look! In that house of misery, a lady with a lamp I see.）」

院內的英軍更是感念這位天使般的女士，每當她巡房時，士兵們甚至親吻她被油燈映在牆上的身影。

她關心病患，視病猶親，親自書寫信件給去世士兵的家屬，致上哀悼。而由於南丁格爾的努力，在她到達半年後，這間醫院的死亡率竟由四二・七%降到二・二%。消息傳回，震驚了英國各界。而她也重新改變了人們對於護理工作的看法，對於護士地位的提升，功不可沒。由於她在此期間工作過於勞累，不幸罹患上了一種所謂的「身心症」（psychosomatic disorder），一直未能完全痊癒，也使得她終生受此疾所苦。

進行醫護改革

一八五六年七月，克里米亞戰爭結束後四個月，南丁格爾返回了倫敦。三十六歲的她，已成為世界知名人士了。儘管她此時已譽滿全身，但她認為若要表彰她所做所為的重要性，莫過於組織一個委員會，來澈底調查與檢討軍隊的醫療照護。

在給政府的報告中，她認為至少有九千名士兵的死亡本可防止，但這些冤死的事件仍在當時各軍營不斷上演。其實只要在所有的軍醫院中，認真地執行她在克里米亞達思庫塔瑞英軍醫院所採行的措施，這些悲劇都有挽回的機會。

事實上在南丁格爾抵達思庫塔瑞英軍醫院那一天，她便定下目標，決心要改變當時不合理的醫院制度與管理方法。但是南丁格爾要如何說服當局來進行改革呢？她認為最有效的方法，就是利用統計學，將她在克里米亞記錄下來的數據與資料製成簡單易懂的圖表，這樣當局便容易接受了。

於是她與一位名叫法爾（William Farr, 1807-1883）的醫生兼統計學家合作，把她蒐集的所有數據統計出來，並整理成數字與圖表，向英國政府與軍方當局展示。醫護重整計畫更因為她的積極地開展，而成果斐然。

她在一八五五年二月於克里米亞戰爭方酣時，就展開了這項計畫，當戰爭結束時，駐紮在土耳其的英軍死亡率竟由原先的四二・七％降到二・二％，與當時英國本土健康英軍的死亡率幾乎不相上下。這證明了她所強調的護理工作是多麼的重要，而進行全國的改革是有多麼的迫切。

她還發覺英國本土住在營區的二十至三十五歲健康士兵的死亡率，居然也比一般平民高出一倍。因此衛生情況的改進不限於戰場醫院，連一般軍營也應該立刻進行。她用統計資料說服了維多利亞女王、亞伯特王子以及當時的帕摩史東首相，不但有必要對軍隊的保健進行正式的調查，同時還建議應該成立一個軍人健康皇家委員會。這個委員會果然在一八五七年五月成立，而南丁格爾也積極參加委員會所進行的調查工作。

這個委員會底下又成立了好幾個委員分會，來進行南丁格爾提議的醫療改革，包括了軍營與醫院體質上的澈底改變，如改善通風、保溫系統、汙水處理、清水供應、廚房設施等；同時還建議成立一間軍醫學校，以及修改軍方蒐集統計資料的程序。

南丁格爾還關心駐紮在印度的英軍健康。在一八五八至一八五九年間，她也說服當局成立了另一個皇家委員會，調查駐印度英軍的健康問題。她與法爾醫師合作，共同探討該處英軍的罹病率與死亡率。送出許多調查有關衛生情況的問卷，至各處的英軍駐站展開調查，然後統計結果，找出因果關係。

結果發現該處英軍的死亡率是英國平民的六倍，主要的原因包括，落後的汙水處理設施、營房過度擁擠、缺乏運動以及醫院數目不足等等。這些調查結果，促使當局著手進行改善。十年之後（1873），南丁格爾再度統計該區的軍人死亡率，已由六・九％降至一・八％。

在應用統計學上的貢獻

除了醫療制度的改革工作外，南丁格爾在導入統計學上的應用有非常重大的貢獻。在她的時代，各醫院的統計資料非常不精確，也不一致。但是南丁格爾卻有先知灼見，認為醫學上的統計資料，是有助於改進醫療與護理的方法與措施，而最後可促進醫學的進步。

結束土耳其的調查後，南丁格爾在一八五八年將結果撰寫出版了一本八百頁的書，書名是《影響英國軍隊健康、效率以及醫院行政之筆記》（Notes in Matters Affecting the Health, Efficiency and Hospital Administration of the British Army）。在這本書中，有一個章節是她所做的統計圖表，由此可見她可以說是以圖表陳述統計資料的先驅者，也是發明以圓餅圖（Polar-area Charts，或稱為Pie Charts）呈現統計數據比例的人。

法爾醫師將這本書稱為「有史以來寫得最好的一本統計圖表書籍」。一八五八年，她獲選為英國統計學會的第一位女性會員，不久又成為美國統計學會的榮譽會員。在法爾醫師的協助之下，她還設計了一個標準化的醫院統計表，此表後來在一八六〇年的國際統計學會議上受到一致認可。這個新統計表提供了許多新功能，領先當時的規格。然而這個統計表卻未能普遍被使用，一方面是因為太複雜了，另一方面則是法爾醫師自創了一個疾病分類系統，遭到當時大多數病理學家的反對。

其實南丁格爾致力於統計學，與她的宗教信仰有關。她受到一位比利時社會統計學家魁特列（Lambert Adolphe-Jacques Quetélet, 1796-1874）的影響極深；她認為支配人類社會現象與道德的進化都是上帝的律法，而這些都可以藉由統計學呈現出來。她努力地想把統計學引進高等教育體系，然而遺憾的，這個夢想在她的那個時代始終未能成真。

建立醫學專業中女性的地位

美國第一位女醫師伊麗莎白・布萊克威爾（Elizabeth Blackwell, 1821-1910）在南丁格爾的生命中占有重要的地位。一八五〇年她們在倫敦首次相遇後，從此便結下了不解之緣。

她們經常討論婦女要如何參與醫療這個行業，以及未來要如何來設立一個訓練女性從事醫療專業的計畫，然而她們二人的最終目標卻完全不同，各人堅持走各人的路。南丁格爾有興趣的是設立一所女子護理學校，使女性可以在醫療業中擔任附屬的角色，她從不認為女性應該追求醫師的職位。相對的，布萊克威爾卻主張女性應該在醫療專業上扮演與男性平等的角色。

儘管目標不同，但二人的決心與毅力卻相當一致，而且最終二人都達到了她們的目標：南丁格爾在一八六〇年於英國成立了世界上的第一所女子護理學校，而布萊克威爾則在一八六八年於美國設立了第一所女子醫學院。

由於南丁格爾的健康不佳，因此並未親自主持她所創立的護理學校校務，而是委由沃德卓普夫人（Mrs. Wardroper）來負責。但是她非常關心校務，巨細靡遺地規劃各種課程，設立各種制度，使護理成為一個現代化的醫療學門，並且受到人們的尊敬。

這個學校所訓練出來的護士，被英國各大醫院爭相聘任，而她們也將南丁格爾的精神散播開來，許多人還延續該校的精神，在世界各地成立護理學校，開啟了人類醫療史上嶄新的一章。

事蹟與著作永流傳

一八五九年南丁格爾寫了一本《護理筆記》（Notes on Nursing），非常受到歡迎，出版之後立刻銷售一空。後來分別在一八六〇年及一八六一年又再版發行，在全世界暢銷好幾百萬冊。這本書的版稅是南丁格爾這一生中唯一收取的報酬。

南丁格爾一生獲得了無數的榮譽與尊崇。英國國王愛德華七世在一九〇七年頒授她功勞勳章（Order of Merit），她也是首位獲得此勳章的女性；德國頒授她十字勳章（Cross of Merit）；法國也頒贈她 Secours aux blesses Militaires 勳章。此外國際上無數的國家也紛紛推崇她的貢獻、雕塑她的雕像，或是把她的相片印在郵票、鈔票以及各類的紀念品上。她的事蹟與生平被寫成文章流傳於世界各地，而她的名字及圖像也成為護士的代名詞。目前在倫敦還設有一間紀念她的南丁格爾博物館，收藏她的私人物品與文件，供人憑弔。

南丁格爾重要著作

《影響英國軍隊健康、效率以及醫院行政之筆記》（Notes in Matters Affecting the Health, Efficiency and Hospital Administration of the British Army,1858），《醫院筆記》（Notes on Hospitals, 1859），《印度軍隊衛生狀況筆記》（Notes on the Sanitary States of The Army in India, 1881），以及《於印度生或死》（Life or Death in India, 1874）等。這些書深深地影響了英國的醫療改革，與世界醫學制度的進步。

自從南丁格爾從克里米亞返回倫敦之後，由於身心俱疲，大部分的時間她都幽居在她的寢室內。有人推測這與她在克里米亞感染到的一種熱病有關；也有人認為她身體上並沒有任何毛病，而是罹患了一種精神官能症。但是這都無法減損她對英國醫療體系上所發揮的影響力，她經常接見來訪者，不斷以書信及文章表達她的看法。

各界人士為了表彰她的功勳，募集款項在倫敦成立了「南丁格爾基金」，向這位女豪傑致敬。她於一八六〇年，運用這些基金在著名的聖湯瑪斯醫院（St. Thomas’s Hospital）成立了南丁格爾護理學校（Nightingale School of Nursing）。之後又在國王學院醫院（King’s College Hospital）也設立了護理學校，終於達成了她早年的理想與目標。

無法親自主持校務的她，卻為學校定下了重要的原則，並詳細規劃了所有的細節。這些原則包括：護士必須在專門提供技術訓練的醫院中，即今日所謂的教學醫院，接受技術訓練；護士必須住在能提供她們培養道德和遵守紀律的學校宿舍中等。她把護理工作，從以前只是提供清洗及打雜，提升到提供專業醫護服務。

一八九五年開始，她的身體狀況越加退化，雙眼也全盲了；而從一八九六年起，她再也沒有走出她的臥房一步。一九一〇年八月十三日，南丁格爾溘然與世長辭，享年九十歲。

依照她的遺囑，死後葬於英格蘭東威羅（East Wellow, England）的聖瑪格麗特教堂墓園（St. Margaret Church）。她高貴無私的人格、堅定信念全力以赴的精神、以及對醫療體系所做出的改革，是留給我們最豐富的遺產，而她也將永遠為後代人們所感念。

佛羅倫斯・南丁格爾

科學家小事典

・成立世界上第一所女子護理學校。

・發明以圓餅圖呈現數據比例。

（photo credit : US Public Domain image）

美國第一位正式女性醫師
——**依麗莎白・布萊克威爾**

（Elizabeth Blackwell, 1821 ～ 1910）

「如果社會不能認可婦女的自由發展，那麼這個社會就必須改造。」

——依麗莎白・布萊克威爾

嚴格說起來，依麗莎白・布萊克威爾並不是是世界上第一位從事醫療工作的女性。事實上，在人類歷史上一直都有許多女性從事醫療工作，例如中國古籍上就記載晉朝藥物化學大師葛洪的妻子，神醫鮑姑精通針灸之術，濟世救人頗有醫名。而韓國更在太宗年間（十五世紀初）建立醫女制度，診治內宮婦女疾病，即連續劇《大長今》的劇情，而早期西方也有許多類似女性從事醫療工作的記載。

然而近代西方正式醫學制度建立之初，由於當時社會重男輕女，婦女一直沒有機會接受正統的醫學訓練，因此醫生一職幾乎都是男性的專利。在一八三〇年代，一位名叫杭特（Harriot Kesia Hunt, 1805-1875）的美國麻州婦女行醫了將近二十年，才在一八五〇年首度被允許到哈佛大學醫學院旁聽課程，並於一八五三年獲得一個非正式的「榮譽醫學士」。

而本文的主角依麗莎白・布萊克威爾（以下簡稱布萊克威爾）則是首位接受完整醫學訓練課程，獲得正式醫學學位的女性醫師。她站在與男性不平等的地位，奮鬥向上，歷盡千辛萬苦，終於獲得了正式醫學體制下的醫學學位，締造了現代醫學領域中女性從醫的重要里程碑。她爭取婦女平等接受教育的權益，積極從事婦女解放運動，為兩性平權發聲，是女權運動中著名的先驅。

家庭教育養成自由開放性格

布萊克威爾在一八二一年二月三日出生於英格蘭布里斯托，父親山謬（Samuel Blackwell）和母親漢娜（Hannah Lane Blackwell）共生了十一位子女，但其中有三位在嬰兒時期即不幸夭折，而布萊克威爾則排行第三。山謬是一位糖廠工人，他強烈地認為人人生而平等。在妻子的支持下，他積極地參加各種社會平等活動，因而影響了所有子女養成自由而開放的胸襟，並成為社會改革運動中的先驅或領袖人物。

女兒中除了布萊克威爾是美國第一位正式女性醫師和婦女解放運動重要人物外，安娜成為報社的特派員；艾蜜莉也是醫生，並協助布萊克威爾的婦女運動；艾倫則成為作家與藝術家。至於二個兒子，也都參與社會改造運動。小山謬與布朗女士（Antoinette Brown, 1825-1921）結婚，布朗女士後來成為美國第一位授予神職的牧師；另一個兒子亨利則與史東女士（Lucy Stone, 1818-1893）結婚，史東女士後來成為知名的解放奴隸論者與女權運動先驅。布萊克威爾生長在這麼一個開明又前衛的家庭中，培育了她勇於挑戰社會不合理制度的勇氣，並展開她傳奇又不凡的一生。

他們的父親山謬認為孩子們必須接受良好的教育，男孩女孩皆無例外，因此他請了私人家教在家中為孩子們上課。然而他工作的糖廠，於一八三二年不幸因一場大火而全毀了。於是全家移民到美國展開新生活，布萊克威爾時年十一歲。之後的六年，他們居住在紐約市和澤西市，雖然生活困苦，但是布萊克威爾仍然在紐約市一所不錯的學校上學，接受良好的教育。

他們的家庭信奉貴格教派（Quaker），貴格教派認為在上帝的眼中「人人平等」，並且強烈反對奴隸制度。由於美國俄亥俄州沒有奴隸制度，因此山謬決定搬遷到該州的辛辛那提市開設一間糖廠，可以不必使用黑奴在田間工作。但是就在他們全家搬遷到辛辛那提市三個月後，山謬不幸感染了嚴重的膽熱病而過世。

漢娜於是與幾個子女開設了一間寄宿學校，招收一些私人小學生，以維持生計，刻苦生活了四年，布萊克威爾也找到肯塔基州的一個教職，一方面協助養家，一方面也可以存錢準備繼續讀大學。

朋友罹癌，她立志習醫

年輕的布萊克威爾身邊不乏愛慕者，但是她對男性的追求絲毫不感興趣。她反而更關心社會上不平等的現象，並堅信女性與男性應該享有平等的受教育機會。雖然她喜歡教書工作，但是私底下也喜歡閱讀醫學書籍，更興起追求接受高等教育的念頭。她有一位朋友瑪莉・唐納遜羅患癌症，在探視瑪莉時，瑪莉對她說：「如果能被一位女性醫師治療，那我最不幸的痛苦就可以得到撫慰。」瑪莉還鼓勵布萊克威爾說：「妳擁有健康、閒暇以及受過訓練的才智，為何不把這些才能貢獻給受苦的女性？妳何不去學醫？」

想要成為一位女性醫師的念頭，逐漸在她的心頭興起。為了準備習醫，她勤奮地閱讀大量醫學讀物，她也找到一份在北卡羅來納州的教職，在那兒她跟隨一位約翰・狄克森醫師（Dr. John Dickson）私底下習醫。隔年，她又搬遷到南卡羅來納州的一所學校教音樂，同時也跟隨約翰・狄克森醫師的兄弟——山謬・狄克森醫師（Dr. Samuel Dickson）繼續習醫。

邁向艱辛的習醫之途

一八四七年起，布萊克威爾開始寫信給一些醫學界的大老，請求他們幫助她進入醫學院就讀。其中一位在費城的名醫約瑟夫・沃靈頓醫師（Dr. Joseph Warrington）回了一封信，信中鼓勵她說：「如果妳想成為醫師的願望是一種神聖的呼喚，那麼遲早必能達成心願。」

一八四七年五月，受到鼓勵的布萊克威爾動身前往費城拜訪沃靈頓醫師。沃靈頓醫師對她習醫的熱切與決心，印象深刻。他讓布萊克威爾使用他私人的圖書館，也邀請她到課堂上聽課；甚至還帶她一同出診。當然，之後在布萊克威爾申請進入醫學院時，也替她寫了許多推薦信。他們成為終生的好友。

在當時，從未有一位女性能進入醫學院正式攻讀學位，布萊克威爾所遭遇的艱辛可想而知。一八四七年夏季，她開始向許多醫學院送出入學申請書，然而卻被一一拒絕，包括費城、紐約的多所醫學院，還有著名的哈佛大學、耶魯大學和波登學院等。最後她終於被一所位於紐約州的私立日內瓦醫學院（Geneva Medical College，為現今 Hobart and William Smith Colleges）獲准入學，而在此之前她被十六所醫學院拒於門外。

布萊克威爾獲准入學日內瓦醫學院，也有一段傳奇而曲折的經過。當時的醫學院院長是查理・阿弗瑞・李博士（Dr. Charles Alfred Lee, 1801-1872），而他心中其實並不想接受一位女性入學，但又不想得罪替布萊克威爾寫推薦信之赫赫有名的沃靈頓醫師，於是把這個燙手山芋轉給學生會來決定。他認為學生應該會反對學校招收女性學生，因此交由學生會主持，以全校學生投票來決定是否接受布萊克威爾的入學。然而出人意表，投票結果竟然通過布萊克威爾的入學！

根據當時一位醫學院學生史密斯的說法，由於校內學生認為醫學院李院長過於權謀而在玩弄政治，引起學生反感，所以學生幾乎毫無異議的一致通過此案。李院長與受到震驚的全體教授雖然想反悔，但是礙於先前已做出承諾，不得不硬著頭皮接受投票決議。而布萊克威爾也抓住此機會，達成她進入醫學院的宿願。

艱困中脫穎而出

當布萊克威爾於一八四七年十一月六日抵達校園報到時，全體學生給予她熱情的歡迎，然而那些醫師的夫人們以及鎮上士紳卻非常不高興。開學後的幾天，一位詹姆斯·韋伯斯特教授（Professor James Webster）約談布萊克威爾，告訴她不得進入解剖課教室，因為他認為若有女性在課堂上，會使他在講解人類生殖系統時感到尷尬。在布萊克威爾據理力爭之後，韋伯斯特教授不但收回他先前的要求，而且還在課堂上向全體學生坦承他所做的錯誤判斷。經過此次事件，韋伯斯特教授成為她的朋友，並且真誠地在各方面支持她。

然而整個社區並非都如此善待布萊克威爾，那些醫師夫人們不屑與她交談；當她穿過鎮上街道去上課時，鎮上的女士也都拉開裙襬轉過身子背對著她；一些人甚至雙眼直盯著她，彷彿看著一個怪胎或精神病人。一位負責註冊業務的詹姆士・哈德黎教授（Professor James Hadley）曾答應替她寫一封推薦信，但是卻根本沒有寄出該信。

布萊克威爾在一八四八年於費城一家醫院接受短暫的臨床訓練，在她日後的自傳中曾形容此次的經驗非常「負面（negative）」而不愉快，雖然院長對她還算友善，但是那些年輕的男醫生們可就不如此了。她完全被孤立起來，一切都要靠自己摸索。

即使在這種粗暴與不友善的環境下，布萊克威爾斯毫不氣餒，仍然奮發學習。最後在一八四九年一月二十九日，以全班第一名成績畢業，獲得女性有史以來的第一個醫學士學位，締造了歷史新頁。當她從校長海爾（President Benjamin Hale）手上接下畢業證書時，她說：「先生，在上帝的幫助下，這是我用一生努力所榮耀的一張證書！」布萊克威爾的畢業，宣告一個新時代的來臨，也為美國醫學界投下一顆震撼彈。一些女性受到鼓舞，開始申請進入醫學院就讀，醫學院的大門因為布萊克威爾的先例與優異表現，終於願意為女性開啟了。

然而諷刺的是，日內瓦醫學院李院長仍然固執地反對女性從醫。他在布萊克威爾畢業典禮的告別演講中，雖然也稱讚布萊克威爾的努力與投入，但是卻認為這僅是少數的例外，並且不樂見再有任何女性進入日內瓦醫學院就讀。當時《波士頓醫學與外科雜誌》（現已改名為《新英格蘭醫學雜誌》）上刊登了許多激辯女性是否合適從醫的文章，許多保守的醫學界人士仍然頑固地反對女醫師，而李院長也為文辯解他的立場。

後來當布萊克威爾的妹妹艾蜜莉，向日內瓦醫學院申請入學被拒，她轉而申請俄亥俄州克里夫蘭市的西儲醫學院（Western Reserve Medical College），最後並在那兒獲得她的醫學學位。

赴歐洲進修與發展

醫學院畢業後，布萊克威爾醫師回到費城，並在數個月後歸化成為美國公民。雖然先前的醫院並不十分友善地勉強同意她在此工作學習，做為第一位女姓醫師所面臨的艱困局面，仍有待突破。這些挑戰不僅是來自醫院體制與男性同僚的異樣眼光，甚至病人面對女性醫師的態度都有待她一一克服。

不久，為了成為一位外科醫師，她決定赴歐洲來努力達成心願。她想進入法國巴黎某間醫院跟隨一位頂尖外科醫師學習，但是卻因為性別而被拒絕。於是她進入一間公營的產科醫院，接受生產分娩方面的訓練，除了接生外，她也經常負責照顧病重的新生嬰兒。一次在照顧一個罹患淋病的嬰兒時，布萊克威爾不小心讓一些病灶的膿汁濺到她的左眼中；她立刻找到眼科醫師來處理，然而左眼仍然發生嚴重感染，不得不摘除眼球裝上玻璃義眼。此次的意外，使得她想成為外科醫師的夢想一去不回。

此時，布萊克威爾在巴黎已經沒有發展的餘地，甚至得不到任何的尊重，於是決定回到祖國英國去試一試。一八五〇年十月，她離開法國前往倫敦，進入聖・巴爾多祿茂醫院（St. Bartholomew's Hospital）跟隨佩格爵士（Sir James Paget）學習。在倫敦她大有所獲，除了醫學上的進展外，她還認識了英國大詩人拜倫勳爵（Lord George Gordon Byron, 1788-1824）的寡婦和女性主義者史密斯女士（Barbara Leigh Smith, 1827-1891），以及後來聞名於世的南丁格爾（Florence Nightingale, 1820-1910）。南丁格爾在一八五四年克里米亞戰爭中盡心照顧受傷的英軍，而享有「提燈的天使」美譽。

布萊克威爾與南丁格爾經常討論婦女要如何參與醫療這個行業，及未來要如何來設立訓練女性從事醫療專業的計畫，然而她們二人的最終目標卻完全不同，各人堅持走各人的路。南丁格爾有興趣的是設立一所女子護理學校，使女性可在醫療業中擔任附屬的角色；她從不認為女性應該追求醫師的職位。相對的，布萊克威爾卻主張女性應該在醫療專業上扮演與男性平等的角色。儘管目標不同，但二人的決心與毅力卻一致，而且最終二人都達到了她們的目標：南丁格爾在一八六〇年於英國成立了有史以來的第一所女子護理學校，而布萊克威爾則在一八六八年於美國設立了第一所女子醫學院。

重返美國創業

雖然布萊克威爾很喜歡英國，也想留在倫敦繼續發展，但是她既無資金，也沒有足夠的人脈發揮理想。她認為美國或許有較好的機會，可以實踐教育女性成為醫師，及爭取女性平等工作機會的理想，於是她在一八五一年又回到美國紐約。然而情況並不樂觀，許多醫院紛紛拒絕任用她，甚至她想在租屋處開設私人診所都被房東拒絕。

此時期，一個有影響力的婦女社團邀請她去做一系列的演講，主題是關於日常生活中的衛生問題。這個團體中的成員，包括了一些貴格教派中「公誼會」（Society of

Friends）的會員。她將這系列演講集結成冊，於一八五二年出版了名為《生命的法則——給女孩體育的特別參考》（The Laws of Life; with Special Reference to the Physical Education of Girls）的書，這是當時少數專門針對女性健康教育的一本著作。

由於到大醫院找工作並不順遂，在拜倫夫人的資助下，於一八五三在紐約市一個破敗的社區，買下自己的房子來開設診所，病人大多為附近的婦女與兒童。在此，她盡心盡力地為社區人士的健康努力工作，尤其特別關懷那些弱勢的家庭，因此受到大家的尊重而逐漸發揮她的影響力。她還收養了名為凱瑟琳・巴瑞（Katherine Barry）的愛爾蘭孤兒，此養女照顧她晚年的生活，與她終生為伴。

成立機構，持續推動女性從事醫療工作

經由布萊克威爾的協助，使女性更多機會可以從事醫療工作，如瑪莉・札克瑟芙斯卡（Marie Zakrzewska, 1829-1902）是一位曾在柏林皇家醫院擔任接生工作的德國移民，在一八五四年加入布萊克威爾的診所工作，之後也在西儲醫學院獲得醫學學位，並且創立了波士頓婦兒科醫院。一八五六年布萊克威爾的妹妹艾蜜莉（Emily Blackwell, 1826-

1910）從西儲醫學院畢業後，也立即加入布萊克威爾的診所。

這家診所於一八五七年五月十二日正式更名為「紐約婦兒科醫院（New York Infirmary for Women and Children）」。此醫院雖然在艱困中誕生，但是也引起社會大眾的注目，來自波士頓、甚至遠自法國的人士紛紛捐款，支持醫院的經營，這所醫院也成為女性醫師畢業後的實習大本營。

一八五八年，布萊克威爾赴倫敦演講，鼓勵英國的婦女接受醫學教育，同時她的名字也正式列為英國第一位女性註冊醫師。在此時期她結識了依麗莎白・安德遜（Elizabeth Garrett Anderson, 1836-1917），並說服她去習醫，之後安德遜女士成為英國女性醫師的先驅，並且創立英國第一所女子醫學院，同時也在推動英國女性接受教育上有重要的貢獻。

布萊克威爾的醫院業務快速成長，她也打算成立一所附設醫學院，來培訓女性醫師。然而不久爆發的美國內戰（Civil War, 1860-1865）使得她成立醫學院的計畫受到阻延。在內戰期間，她接受南丁格爾的指導與支持，與妹妹艾蜜莉在紐約成立了「婦女救援中央協會」（Women's Central Association of Relief）訓練婦女接受護理教育，來援助戰場上受傷的軍人。這個協會受到官方的重視，在林肯總統的特別指派下，正式改組為

「美國衛生慈善委員會」（United States Sanitary Aid Commission）。

一八六二年美國政府頒布黑奴解放宣言，各處發生動亂。一些白人要求布萊克威爾將醫院中從南方逃來此待產的黑人婦女趕出去，但是布萊克威爾堅信人人平等的信念，不為所動，拒絕和這些白人妥協。

一八六八年十一月二日是一個值得紀念的日子，因為在這天由布萊克威爾推動多年的「紐約婦兒科醫院附設女子醫學院」正式成立，是全世界第一所專門招收女性醫學生的學校，布萊克威爾親自教授衛生學，她的妹妹則負責校務。由於布萊克威爾具有高度的理想與道德觀，因此她為這所學校設立了高標準的入學資格，以及學業和臨床實習標準。特別值得一提的是，美國第一位黑人女性醫師蕾貝卡・柯爾（Rebecca Cole, 1846-1922）便是此校的第一屆畢業生。

重返英國倡議女性教育

女子醫學院成立之後，布萊克威爾了卻一樁心事，她的理想開始轉向更遠大的地方，如女子平等接受教育與提升女性地位。一八六九年，她將校務交給妹妹艾蜜莉負

布萊克威爾重要作品

《醫學與倫理學》（Medical and Morality, 1850）、《生命的法則－給女孩體育的特別參考》（The Laws of Life; with Special Reference to the Physical Education of Girls,1852）；《為女性醫學教育的呼籲》（An Appeal in Behalf of the Medical Education of Women, 1856）、《女性醫學教育演講集》（Address on the Medical Education of Women, 1856）、《醫學作為女性的職業》（Medicine as a Profession for Women,1860）、《如何維護家居健康》（How to Keep a Household in Health,1871）、《健康的信仰》（The Religion of Health,1878）、《基督徒社會主義》

（Christian Socialism,1882）、《與賣淫和疾病相關的救援工作》（Rescue Work in Relation to Prostitution and Disease,1882）、《處理社會邪惡之正確與錯誤的方法，以英國國會證據來說明》（Wrong and Right Methods of Dealing with Social Evil, as Shown by English Parliamentary Evidence,1883）、《性別的人性因子》（The Human Element in Sex,1884）、《市政議會政體的腐敗》（On the Decay of Municipal Representative Government,1985）、《女性在醫學行業上的影響力》（The Influence of Women in the Profession of Medicine, 1989）、《為何衛生協會失敗了》（Why Hygienic Congress Fail, 1892）、《開啟女性醫學專業工作的先驅作為》（Pioneer Work in Opening the Medical Profession to Women1895）、《生物學的科學方法》（Scientific Method in Biology,1898）、《醫學社會學論文集》（Essays in Medical Sociology,1899）、《針對兒童道德教育給父母的忠告》（Counsel to Parents on the Moral Education of Children）。

責，自己遠赴歐洲發展，並在英國度過她之後的四十年餘生。艾蜜莉此後則一直擔任這所學校的院長，長達三十年。布萊克威爾於一八六九年抵達倫敦後，一方面開設診所行醫，一方面也希望在英國推動女子醫學教育。一八七一年，她協助英國當局成立了國家健康協會（National Health Society）。一八七五年，她也開始在倫敦女子醫學院教授婦科醫學，而這所女子醫學院正是由前述的依麗莎白・安德遜所創立。

布萊克威爾有許多著作，其中一本是《針對兒童道德教育給父母的忠告》（Counsel to Parents on the Moral Education of Children），完成於一八七八年。這是一本具有高度爭議的書籍，因為書中公開討論許多有關「性」方面的議題，例如手淫，而布萊克威爾本身強烈反對手淫，以高標準的道德觀點來看待許多兒童的品行。當然以現代人的眼光來看，可能會認為她的一些看法有點過時而不適用，但也由此可以看出，她在提倡平等教育時，對人類品行上的某些原則仍然是有所堅持的。

畢生奉獻給女權與醫學

由於布萊克威爾的身體健康一直不太好，一八七三年曾赴義大利養病一段時間。隨著年齡增長，她不得不花更多的時間在蘇格蘭靜心養病。一九〇六年她曾重返美國紐約市接受訪問，但此時她已高齡八十五歲，身體不堪負荷，並沒有拜訪已經遷移到曼哈頓第十五街她先前所創立的醫院。

回到英國後，次年她不小心從樓梯上跌落，受傷嚴重，一直無法痊癒。但她仍然關心醫學教育問題，並致力寫作。

病痛纏身的布萊克威爾在一九一〇年五月三十一日，因心臟病發與世長辭，享年八十九歲，遺體安葬於蘇格蘭西方的慕恩聖人教堂墓園（Saint Mun's churchyard），留給後人無限的哀思與懷念。

布萊克威爾與妹妹艾蜜莉二人都終生未婚，全心全力地將畢生精力貢獻給女子醫學界，同時也致力於女性平等接受教育和爭取女權上，成果斐然備受各界的敬重。她的晚年生活起居，則一直由她的養女凱瑟琳照料。

她所創立的女子醫學院於營運三十一年之後，因為缺乏經費，以及全美國各大學醫學院已經普遍平等地接受女性醫學生入學，而於一八九九年結束經營並關閉。然而已經遷移到曼哈頓第十五街的紐約婦兒科醫院則不斷擴大規模，至今仍為紐約市民的健康而繼續服務。

對布萊克威爾而言，擔任女姓醫師不僅是個人的人生目標，而且是對抗社會不公義和不平等的工具。因此晚年積極地為女性權益和社會制度的缺失提出諍言，並寫作論文，來發揮影響力。留給後人的不單是「美國第一位女姓醫師」的頭銜，更是社會公義和兩性平權的開路先鋒。

布萊克威爾的母校日內瓦醫學院在校園內樹立了一尊布萊克威爾的紀念銅像，供人憑弔與追思她生前的豐功偉業。而美國郵政局也在一九七四年出版一張布萊克威爾的紀念郵票，表彰她在提倡女子接受教育與兩性平權運動上所做出的不朽貢獻。

科學家小事典

依麗莎白・布萊克威爾

・美國第一位正式女醫師。

・創辦全世界第一所招收女性的醫學院。

(photo credit : Schlesinger Library, Radcliffe Institute, Harvard University)

女性微生物學先驅
——安娜 · 威廉斯

（Anna Wessels Williams, 1863 ～ 1954）

「女性應該擁有像男性一樣的相同機會，使她們的能力能發揮到極致。」

——安娜 · 威廉斯

白喉是致命的上呼吸道感染疾病，在一八〇〇年代的一些英國殖民地區，白喉流行期間，可造成高達八〇%的十歲以下孩童死亡。而在一九二〇年代，美國每年也有將近二十萬人遭受感染，並導致一萬三千至一萬五千人死於此傳染病。即使在醫學昌明的今日，白喉仍然不時在各地肆虐，包括許多已開發的先進國家，如德國、加拿大。一九九八年獨立國協爆發白喉傳染病，根據國際紅十字會的統計，此次疫病造成二十萬人感染，和五千人的死亡。

有關治療白喉的研究，最早是德國學者埃米爾・阿道夫・馮・貝林（Emil Adolf von Behring, 1854-1917），他在德國微生物學大師柯霍的實驗室與日本學者北里柴三郎共同合作，發展出對抗白喉的血清治療法，並在一九〇一年獲得首屆諾貝爾生理醫學獎。

本文主角安娜・威廉斯（Anna Wessels Williams，以下簡稱威廉斯）也是研究白喉細菌的先驅，她曾分離出白喉桿菌並製出抗毒素血清，同時也對狂犬病的診斷與疫苗開發有重大的貢獻。

威廉斯還成功地建立起微生物學家團隊，鼓勵女性科學家從事醫學研究，對美國公共衛生有卓越的貢獻。在這些重要的成就中，許多與他合作的男性科學家都因而受到表彰，或許由於她是位女性，威廉斯的光芒卻被遮掩而被世人所忽略了。

一臺顯微鏡開啟未來人生

威廉斯於一八六三年三月十七日出生在美國新澤西州的哈肯薩克市（Hackensack, New Jersey）。父親威廉（William Williams）來自英格蘭，是私立學校的教師；母親珍妮（Jane van Saun）則來自荷蘭，在荷蘭人教會（First Reformed Dutch Church）中幫忙。共育有六位子女，經濟負擔沉重，無法供應子女上學的費用。威廉斯自幼在家庭中接受家庭教育，直到她十二歲才進入一所公立學校（State Street Public School）就讀，她的父親當時是這所學校的理事之一。在此威廉斯才接觸到顯微鏡，也從此開啟了她對微生物世界的興趣。畢業後，進入新澤西州立師範學校（New Jersey State Normal School），並於一八八三年畢業。之後的兩年，威廉斯在一所學校擔任教師。

一八八七年，她的一位姊姊蜜莉（Millie Williams）因為生產時引發嚴重感染，導致胎兒不幸死產，而姊姊也差一點死亡。這件事造成威廉斯極大的震撼，使她下定決心要去習醫，不希望再發生類似事件。於是她進入「紐約婦兒科醫院附設女子醫學院」就讀，這所醫學院是美國第一位女性醫師依麗莎白・布萊克威爾（Elizabeth Blackwell, 1821-1910）於一八六八年所創立的。威廉斯在此學院研習產科學與婦科學，並於一八九一年獲得醫學學位，之後便留在此學院擔任病理學與衛生學的講師。

一八九二至一八九三年間，威廉斯遠赴歐洲去深造，她曾留學維也納、海德堡以及萊比錫等地的醫學院，並在德國德勒斯登的利奧波德皇家婦產科醫院（Royal Frauenklinik of Leopold）實習，一八九三年還擔任醫學院系主任的助理。在她返回美國工作後，於一九〇二至一九〇五年間，也擔任此醫學院的病理學顧問。

初試啼聲，研究白喉抗毒素

一八九四年，威廉斯在美國紐約市新成立的衛生局市立檢驗實驗室擔任志工，這是全美國第一所市立檢驗實驗室，當時的主任是威廉・派克醫師（Dr. William Hallock Park, 1863-1939），開啟二人終生合作研究的輝煌事業。

當時白喉是兒童的首要死因，死亡率極高，而且缺乏有效的治療方法。他們二人的目標是要發展出一種對抗白喉的抗毒素血清，因此展開了一系列的研究工作。

有天，派克醫師外出度假，威廉斯從一位罹患輕微白喉患者的扁桃腺處，分離出一株白喉桿菌（*Corynebacterium diphtheriae*）。微生物學在此時正處於發展的黃金時期，德國微生物學大師柯霍（Robert Koch, 1843-1910）剛於一八八四年提出確認病原微生物的「柯霍定律」，並於一八八七年發展出以洋菜培養基在培養皿中純化與培養細菌的技術。雖然在美國的威廉斯是從何人以及從何處學習到分離病原細菌的技術，我們不得而知，但是她對人類傳染疾病的研究具有高度的熱忱與興趣則是可以肯定的。

這株白喉桿菌成為他們實驗室的重要儲備菌株，後來並以此菌株發展出第一種有效的白喉抗毒素血清，免費供給北美與歐洲的窮人來對抗白喉。這株白喉菌被稱為派克—威廉斯八號（Park-Williams #8），但通常被簡稱為派克八號菌株（Park 8 strain）。

雖然分離這株派克八號菌株的工作是威廉斯獨自完成的，但是大部分的功勞卻被世人歸屬於派克醫師。威廉斯理解這是一個實驗室內合作研究的性質，她並沒有怨言，並且說：「我對於我的名字能夠與派克醫師相提並論，感到高興和榮幸。」威廉斯在一八九五年被正式升遷為全職的助理微生物學家。

建立狂犬病檢驗標準

猩紅熱也是當時侵襲兒童的一個重要細菌傳染病，這是一種A型鏈球菌所造成的疾病。患者全身發燒、頭痛、嘔吐、脈搏快速、起紅疹、舌頭發紅如草莓色，因此而得名。

威廉斯為了研究出對抗猩紅熱的抗毒素，一如她之前所開發出的白喉抗毒素，在一八九六年前往法國巴黎鼎鼎大名的巴斯德研究所進修。然而威廉斯研究猩紅熱的進展卻不順利，主要是當時培養鏈球菌的技術還不是十分成熟。

事實上，猩紅熱抗毒素的研究直到一九二〇年代中期，才由美國醫生喬治・狄克（George Dick）和阿爾馮斯・杜契斯（Alphonse Dochez）分別各自發展出抗毒素，用來診斷和治療猩紅熱，診斷方法就稱為狄克氏檢測法（Dick test）。

一九二四年，威廉斯又重新回頭研究猩紅熱，她針對兩萬一千位學童利用狄克氏檢測法進行檢驗，發表論文。她發現這種具有溶血性的鏈球菌，不僅存在於患者身上，甚至從健康的人喉部也能採檢出此菌。

此外，她也發現溶血性的鏈球菌有許多不同菌株，所分泌的毒素也不完全相同，這就是為何有人注射疫苗之後仍然還會感染的原因。

她在巴斯德研究所期間，雖然研究猩紅熱的進展不順利，但她轉而研究狂犬病，並與巴斯德的得力助手伊密・杜克勞斯博士（Dr. Emile Duclaux, 1840-1923）合作。威廉斯對於狂犬病的研究相當有收穫，得到一株可製作疫苗的狂犬病病毒株。她在一八九八年返回美國時，攜回此株病毒，希望能發展出檢測狂犬病病毒的更佳方法，同時也可利用它大量生產出預防狂犬病的疫苗。

回到美國之後，她與愛麗絲・曼恩醫師（Dr. Alice G. Mann）合作，希望能找出快速又準確檢測出狂犬病的方法。一九〇二年，她發現當動物遭受狂犬病毒的侵襲時，腦部細胞會產生畸變，並據此成功地改良了以往的狂犬病檢驗方式。

同樣的現象，同時間也被另一位義大利病理學醫師阿戴齊・奈格利（Adelchi Negri, 1876-1912）發現，由於奈格利將此病變的細胞命名為奈格利小體（Negri body），並在一九〇四年發表論文，因此後人便通稱此類畸變的細胞為奈格利小體了。

不久後，在一九〇五年，威廉斯也公開發表了一種將奈格利小體染色的技術，可以立即診斷出動物是否遭受到狂犬病病毒的侵襲，將以往需耗時十天的檢驗，大幅地縮減為只需要半個小時。

一九〇七年，美國公共衛生學會為建立狂犬病標準檢驗方法，成立了一個委員會，威廉斯因為先前的貢獻而被任命為這個委員會的主席，而此後三十多年，威廉斯所發展的染色技術，一直是人們檢驗動物狂犬病的標準方法。

事業上的建樹與在公共衛生上的貢獻

威廉斯由於在傳染病研究上的成果，逐漸嶄露頭角，在一九〇五年被任命為紐約市衛生局檢驗實驗室的副主任，她持續與派克醫師密切合作研究，在一九〇八年發表了他們的經典著作《包括細菌與原生動物的病原微生物：給學生、醫師、和衛生官員的實作手冊》（Pathogenic Micro-Organisms, Including Bacteria and Protozoa; A Practical Manual for Students, Physicians and Health Officers），這本手冊甫出版便廣為衛生界人士歡迎和使用，並被讀者簡稱為「派克與威廉斯」。到一九三九年為止，此手冊一共再版了十一版，影響美國公共衛生至為久遠。其後的數年，威廉斯還與愛蜜莉．巴瑞格（Emily Barringer）醫師合作研究性病的診斷與治療，與巴克兒童衛生部門的約瑟芬（S. Josephine）合作研究兒童的眼睛傳染疾病。

第一次世界大戰期間（1914-1918），威廉斯參與了防治流行性感冒的團隊，並在戰爭部（War Department）授權下，於紐約大學內主持一項訓練計畫，培訓在國內與海外參與醫學實驗室的軍方人員，並研究如何快速診斷出在軍隊中腦膜炎的帶菌者。

一九二九年，她與派克醫師發表了另一本經典著作《微生物名「菌」錄》（Who's

Who among the Microbes），這本書是當時寫給公眾讀者的第一本有關此主題的書籍。一九三二年，威廉斯與派克醫師又出版了一本書籍《有關人類健康與疾病的鏈球菌》（Streptococci in Relation to Man in Health and Disease），這本書的主題是她這輩子持續不斷研究的鏈球菌傳染病。

她的一生事業，除了在公共衛生和基礎醫學研究上有許多重要建樹外，也建立了微生物學和傳染疾病的卓越研究團隊，其內包括許多位優秀的女性生物學家。

一生沉潛，強迫退休後安度晚年

一九三四年，七十一歲的威廉斯正式從公職被強迫退休，這是因為當時的紐約市長費奧里拉・拉瓜地亞（Fiorella La Guardia）頒布了一個命令，強制要求所有年齡超過七十歲的紐約市公務員都必須退休的緣故。

由於威廉斯的健康良好，且研究能力傑出，她的許多同僚以及學術界的科學家紛紛為她請命，然而拉瓜地亞市長堅持命令不得例外。退休後，威廉斯離開紐約市，先遷居到新澤西州的伍德克利夫湖（Woodcliff Lake），然後又搬到威士伍德（Westwood），與她的妹妹艾美麗亞．威爾遜（Amelia Wilson）一同居住度過其餘生。威廉斯於一九五四年十一月二十日因心臟衰竭而離開人世，享年九十一歲。

雖然威廉斯在科學界做出許多重大的貢獻，但是她一生並沒有獲得任何重要的獎項或榮譽。她曾獨自分離出白喉桿菌，然而全部榮譽卻歸功給別人；她所建立的狂犬病快速檢驗法，曾廣為醫學界使用長達三十餘年，但是現今的教科書幾乎全然未提；她一生最高的職位只是紐約市衛生局檢驗實驗室的副主任，此外從未獲得任何的升遷。

如果她是一位男性科學家，在那個時代所做出的貢獻，恐怕將獲得無數的榮譽，甚至諾貝爾獎也不為過。性別的差別待遇，使她無法得享尊榮。然而不可否認的，威廉斯度過了極有價值的一生，也因為她的傑出貢獻，我們今日才能享受更好的健康生活。

安娜・威廉斯

科學家小事典

・發展出第一種有效的白喉抗毒素血清。

・建立狂犬病快速檢驗法。

（photo credit : Public Domain Image）

開啟輻射醫學大門的先行者
——**居禮夫人**

（Madame Marie Sklodowska Curie, 1867 ～ 1934）

「生命中沒有任何事物值得恐懼，只是有待了解。」

——瑪麗．居禮

居禮夫人是法籍波蘭裔的知名物理學家與化學家，她所發現的輻射性元素，對自然科學造成革命性地影響，也促進了輻射醫學的進展。她一生締造了許多人類史上的第一，如法國第一位女性教授，第一位獲得諾貝爾獎的女性研究人員，首位獲得二次諾貝爾獎的傑出學者。她是法國「鐳研究所」的創辦人，被後人尊稱為「鐳的母親」。她的成就對人類社會和進步有著巨大的影響，是一位成功的女性先驅，而她的傳奇事蹟也感動和激勵了無數人類的心靈。她不但是人類歷史上的一顆耀眼巨星，也是永遠的典範。

壓抑而悲傷的童年

居禮夫人於一八六七年出生在波蘭的華沙，原名瑪麗亞．斯克羅德沃斯卡（Marya Sklodowska），後來在法國求學時才將名字改為法文的瑪麗（Marie）。她的父親佛拉狄斯拉夫（Vladislav Sklodowska）是高中物理和數學教師，母親布洛妮斯拉娃（Bronislawa）則是私立女子學校的全職教師和主任，他們一共育有五位子女，瑪麗亞排行老么。母親布洛妮斯拉娃在生下瑪麗亞之後，因罹患了結核病，而不得不辭去教職。由於結核病是一種傳染病，她從未親吻過瑪麗亞。瑪麗亞的童年在缺乏母親的擁抱愛撫之下，心理成長受到很大的影響。

瑪麗亞的童年並不快樂。祖國波蘭的領土正遭受俄國與德國瓜分，而且波蘭的民族性與文化也被澈底地摧殘。在俄國沙皇主義統治下的波蘭，瑪麗亞從小便學習到，如果不慎透漏自己的內心情感便可能招來殺身之禍。

當時的波蘭民眾生活在毫無隱私，而且須時時保持在沉默與自我控制的環境下。因此瑪麗亞長大之後，不喜歡大聲說話、喧鬧、矯飾誇張以及任何展露情緒的舉止。但是她的家族斯克羅德沃斯卡是一個充滿熱情與具有強烈信念的家庭，她的母親是虔誠的羅馬天主教徒，全家都深具愛國心與重視教育。

瑪麗亞十一歲時，大姊蘇菲亞（Sofia）和母親分別死於斑疹傷寒和結核病。母親有於健康因素，對子女一直採疏遠的態度，因此內心渴望母愛的瑪麗亞，將母親偶像化了。當母親過世之後，瑪麗亞陷入極度的悲傷。她心中甚至認為上帝是不存在的，後來成為一位無神論者。

瑪麗亞自幼非常聰穎，四歲以前便學會閱讀。幼年求學時，學校經歷俄國政權的威嚇與壓制，有如警察學校。如果波蘭教師與學生在校內使用波蘭語，教師將會受到解雇，學生也會遭受處罰。她的父親也因此不斷地換學校，家中租用的公寓也一間一間的更換，而且一間比一間更為狹小，家庭經濟也陷入了困境。她的父親不得已帶些學生回家供應寄宿與家教，以便增加點收入。瑪麗亞每天晚上只能睡在客廳的沙發上，一大早就得趕緊起床，以便騰出空間供大家吃早餐。

極權統治下困苦的身心

儘管生活困苦，瑪麗亞在學校課堂上仍是一名成績優異的學生。但是在學校有一件令她極為痛恨的事情，那就是負責欺騙俄國派來視察的督學官員。每當俄國督學官員蒞校時，她都被選出向官員謊報課堂上都是用俄語來教授俄國歷史與文化，而非用波蘭語教授波蘭的歷史與文化。雖然她每次都表現得很完美，但是這件任務也讓她承受極大的壓力，以致於督學一離開學校就忍不住痛哭失聲。也因為這個不愉快的經驗，瑪麗亞終其一生對公開演講都感到不自在和緊張。

到了中學時，情況不但沒有改善，反而每況愈下，俄籍教師對待波蘭學生有如仇敵。她哥哥的一位朋友因為參加政治活動，而被處以吊刑。學校成為波蘭人民國家主義與組織反抗活動的中心，接受教育也被視為愛國的責任與道德上的當務之急。

華沙一個稱為「實證論者」（Positivists）的知識分子團體，主張女性解放與接受教育、推廣科學、容忍猶太人、取消階級差別、重建波蘭的羅馬天主教教堂，以及教育農民等活動。女性成為這個實證論者團體的堅強骨幹，並因而成立了一個祕密的地下「飛行大學」（Flying University），舉辦各種演說來教育民眾。瑪麗亞也是這種行動的堅定支持者，她曾說過：「一個人若不能進步，就無法建立一個更好的社會。」她日後勤奮工作的態度與對科學的熱愛，深受這種波蘭國家主義的影響。

一八八二年，十五歲的瑪麗亞以每科都是第一名的成績從中學畢業。然而次年瑪麗亞卻崩潰了，這是她一生中數次身心崩潰的第一次發作，她的父親安排她休息一年，到鄉間拜訪親友，放鬆身心。經過一年的休養生息，她決定進入大學繼續學業，然而當時的俄國政權禁止女性讀大學，瑪麗亞於是與姊姊布洛妮雅（Bronya）做了一項協議：由瑪麗亞先去工作，賺錢支持布洛妮雅到巴黎就讀醫學，而之後再由布洛妮雅支持瑪麗亞讀大學。

工作的選擇和機會不多，瑪麗亞只能擔任一個有錢人家的女家庭教師。她在一八八五至一八九一的六年間，一直住在離華沙九十七公里的佐勞斯基（Zorawski）家工作，每天花七小時教導該家庭的兩名孩童。她還冒著可能被嚴重處罰的風險，抽空偷偷教導當地農人的小孩閱讀與書寫，這在俄國高壓統治下可是非常嚴重的罪行。佐勞斯基先生對她還算不錯，允許她使用所經營之甜菜工廠中的圖書館，瑪麗亞便充分利用此機會向工廠中的化學家學習化學。在此期間，她還遇見佐勞斯基先生的長子卡吉米爾斯（Kazimierz），一位華沙大學的大學生，他們二人很快便彼此相戀，但是佐勞斯基的家庭反對這個門不當戶不對的婚姻，阻止他們繼續交往。雖然心碎與失望，但是為了支持姊姊的學費，她仍繼續留在佐勞斯基家又工作了兩年半。

赴巴黎展開新生，並與居禮先生相遇

一八九一年，口袋中只有四十盧布的瑪麗亞終於踏上遠赴巴黎求學之途。十一月五日，她如願以償地進入巴黎大學，距離她離開學校已足足有八年之久。此時她也將波蘭語的名字瑪麗亞，正式改為法文的瑪麗。

由於她的法語還不是非常好，因此一開始只得先少修一些科學和數學的課程，她租了一間位於六樓的閣樓，每日清苦的努力向學，大多時間只能啃麵包度日，偶而加顆雞蛋和些許水果，再來一杯熱可可就是奢華的享受了。雖然生活窮困，但是她卻甘之如飴，因為她終於擁有自己長久以來渴望的獨自空間和隱私，她還可以盡情花上所有的時間來學習。她說：「從某些痛苦的角度來看，這種人生對我卻充滿魅力，它賦予我自由與獨立的珍貴意義。」

一八九三年，瑪麗僅花了二年的時光便以全班第一名的成績，榮獲相當於物理碩士的學位，並獲得波蘭政府一筆六百盧布的獎學金。次年，她又以全班第二名的成績，獲得數學碩士學位。

一八九四年，好運終於來臨。瑪麗在一位波蘭籍醫生的家中，遇見了她未來的事業夥伴與生活伴侶——皮埃爾・居禮（Pierre Curie, 1859-1906）博士。皮埃爾當時已經是一位知名的物理學家。他早在一八八〇年二十一歲時，便和他的哥哥雅各（Jacques）發現了結晶體在壓縮狀態下會產生電流，即所謂的「壓電效應」。一八九一年更以研究磁性與溫度的關係建立了居禮定律（Curie's Law）而獲得其博士學位。他當時正擔任巴黎市立工業物理與化學學校的實驗室主任。

皮埃爾金棕色的平頭、清澈的眼睛、深深的微笑以及純真的態度，立刻吸引了瑪麗的注意。而他對物理學和社會議題的見解，也使瑪麗著迷。同樣的，皮埃爾對瑪麗的美貌與對物理學的熱忱也印象深刻。

他們在相遇的第一天，便共進午餐並交換了地址。皮埃爾還拿了一本法國文壇大師左拉（Emile Zola, 1840-1902）剛被羅馬教會列為禁書的新書給瑪麗，二人很快便陷入熱戀。雖然瑪麗還夢想要回到波蘭去教授物理學，但是皮埃爾說服她留在巴黎繼續從事研究。他說：「人應該對其一生有個夢想，但是也應該有一個對現實的夢想。」他們於一八九五年共結連理。結婚時沒有婚戒，沒有祝福，甚至沒有牧師在場，他們收到的結婚禮物中有兩輛腳踏車，於是瑪麗穿著開叉裙，頭戴草帽，立刻與皮埃爾登上腳踏車快樂地出遊去了。

結婚之後，成為居禮夫人的瑪麗為了取得在女子高中教授物理學的教師資格，繼續學習以便取得一張教師證書。次年，她不但通過教師資格考試，還取得冶金工業的一筆財務資助，供她研究鋼鐵的磁性。此時居禮夫人也下定決心要取得博士學位，以研究作為一生的職志。

發現新輻射性元素

一八九六年，貝克勒爾（Henri Becquerel, 1852-1908）發現了鈾的輻射性，但並未引起太多科學家的注意。貝克勒爾所觀察到的輻射性，是由於鈾這個重金屬在原子核不穩定的情況下分裂，而將過多的能量以質子和中子放射出來。其能量遠高於一八九五年所發現的X射線。此發現引起居禮夫人的興趣，她決定要以這個主題作為她的博士論文題目。

貝克勒爾發現從鈾發散出來射線可穿透厚紙板，並將攝影膠片感光，同時也可造成四周的氣體導電。居禮夫人立刻覺察到這是一種離子化現象，也可用來探討其他輻射性物質，於是她利用居禮先生先前發明的壓電石英平衡器（piezoelectric quartz balance）來測量一些可發出微弱電荷的物質。居禮夫人首先發現了釷（thorium）也具有輻射性，且強度與鈾差不多。她還發現這些元素的輻射性，與原子在分子中的排列無關，而是直接來自原子的本身。

除了鈾與釷之外，居禮夫人還廣泛測量許多天然礦石的輻射性，她發現天然瀝青鈾礦的輻射性，比她所蒐集的純鈾化合物和釷化合物還要高出三至四倍。於是她假設這種礦石中含有其他輻射性更強的元素，同時也創造了「輻射性」（radioactivity）這個名詞。

居禮夫人將這些發現寫成論文於一八九八年發表。此時居禮先生也意識到這些發現的重要性，於是他放下本身的結晶研究，加入居禮夫人的輻射研究計畫。在他們二人合作之下，首先從礦石中發現了一種新的輻射性元素，居禮夫人將之命名為釙（polonium），這是為了紀念她的祖國——波蘭。而到了一八九八年底，居禮夫人又發現了另一個輻射性更強的元素——鐳（radium）。居禮夫婦於是將這二種新發現的元素寫成論文，分別於一八九八年七月和十二月發表。法國科學院為了表彰居禮夫婦的傑出發現，特別頒給他們三千八百法郎的獎金。居禮夫人的貢獻不僅只是發現了新輻射性元素，而且也開啟了物理學上的一個新研究領域——輻射學，此成為探索原子內部結構的一項利器。

為了將鐳純化出來，她和居禮先生花費極大的精力，日復一日地從礦石中進行提煉。她說：「有時我必須花費一整天的時間，用鐵棒攪拌一鍋與我差不多大的沸騰礦渣。一天下來，我幾乎累垮了。」如是辛勤地工作了四年，到一九〇二年九月，才從好幾公噸的瀝青鈾礦中提煉出〇．一公克的氯化鐳化合物。他們還定出鐳元素的原子量為226。

這期間居禮夫人以無比的毅力，主導一切的實驗與討論，是這個計畫的原動力。他們的實驗室破舊不堪，屋頂還會漏雨。居禮夫人在這惡劣的環境下努力工作，經常生病，但是她的心情卻是快樂的。她說：「就是在這個悽慘的破棚子裡，我們度過生命中最好和最快樂的時光，完完全全地專注於工作。」她對居禮先生也感到非常滿意和快樂：「他遠超過我們結婚時我所夢想的，我對他的崇拜與日俱增。」

第一次諾貝爾獎

鐳的發現，開啟了物理學上的一個新紀元。在此之前，人們認為一個原子是一個穩定而不會改變的獨立個體，但是鐳卻改變了大家的看法，它可從原子內部釋放出能量，是一種新的能源。之後大名鼎鼎，被尊稱為核物理學之父的拉塞福（Ernest Rutherford, 1871-1937）也發現這種輻射性的元素，在釋出能量後會轉變成另一種元素，澈底改變了科學家對一個元素的認知。

居禮夫婦發現了鐳元素之後，他們的名聲逐漸傳播開來。一九〇三年六月，居禮先生被邀請到倫敦的英國皇家學院演講。在他的演講過程中，居禮先生突然感到劇烈的關節疼痛，腿與手指麻木和發抖，當他展示鐳的輻射性時，不小心漏接容器，而傾灑出一些鐳化合物。這個被汙染的講臺一直保持原狀，直到五十年後才被後人加以清除汙染，居禮先生後來被診斷出罹患了嚴重的風濕病。

由於居禮夫人太專注於研究，一直拖到一九〇三年六月才進行她的博士論文口試，論文題目是「輻射性物質的研究」。在她成功地完成口試當天的傍晚，居禮夫婦與一些友人共同慶祝，出席的有拉塞福、法國著名物理學家郎之萬（Paul Langevin, 1872-1946）以及佩蘭（Jean Perrin, 1870-1946）夫婦。

一九〇三年，法國科學院向瑞典的諾貝爾獎委員會提名居禮先生與貝克勒爾，希望委員會能考慮頒發物理獎給他們二人，但是獨漏了居禮夫人。瑞典的一位大數學家米泰格—列夫勒（Magnus Costa Mittag-Leffler, 1846-1927）剛好是諾貝爾獎委員會的委員，他對法國的提議感到不可思議，因此寫信告知居禮先生。

居禮先生本來對諾貝爾獎並不感興趣，但是他認為漏掉居禮夫人是不公平的，於是寫信給諾貝爾獎委員會，希望能將居禮夫人也一併列為候選人，幸好居禮夫人前一年也曾被提名過，因此經委員會判定提名仍屬有效。如此一波三折，居禮夫婦與貝克勒爾終於因為在輻射物質研究上的傑出貢獻，而共同榮獲一九〇三年的諾貝爾物理獎。十二月是頒發獎項的日子，但是居禮先生因為生病而無法出席，一直拖到十八個月之後，才得以親自到瑞典演講並領取獎金。

研究與實驗比什麼都重要

經過此事件，居禮夫婦成為家喻戶曉的人物，記者集結在他們家的門前，希望採訪他們，一夕成名的居禮夫婦簡直不知所措。

居禮先生於一九〇五年六月曾說過：「一年多來，我無法工作，無法做我自己。」、「我找不出辦法來避免浪費我們的時間；在知性上，這是一個攸關生死的問題！」然而居禮夫人仍然盡量維持日常的作息，忙碌於她的研究、教學以及家庭和子女之間。她與居禮先生從一八九四至一九〇四年之間，共發表了三十六篇學術論文。

他們婉拒了瑞士日內瓦大學邀請他們到該校任教的提議。一九〇四年，享有盛名的索邦大學（巴黎大學的一部分）提議將提供一個完備的實驗室給居禮先生，居禮先生於是欣然就任該校的教授，而居禮夫人也成為塞弗爾（Sèvres）女子師範學院的教師。法國政府還承諾，一旦索邦的實驗室完工後，將請居禮夫人擔任實驗室總管，但是直到一九〇六年，這個實驗室的建造都還沒有動工。因此，當法國政府要頒發榮譽軍團勳章（Legion of Honor）給居禮先生時，他拒絕了。他說：「我一點都不需要這個裝飾品，但是我卻非常需要一間實驗室。」

一九〇六年四月十九日，當居禮先生在雨中穿越街道欲撐開雨傘時，不幸被一輛疾駛而來的馬車撞倒，因頭殼破碎而去世，得年才四十八歲，留給後人無限哀戚與惋惜。

獨自前行，獲第二次諾貝爾獎

居禮夫人忍著喪失愛侶與工作夥伴的悲痛，重拾研究熱忱，繼續在研究的路上前進。她婉拒了巴黎大學提供的撫恤金，因為她要走自己的路，而不願被人認為僅是居禮先生的未亡人。一九〇六年五月，她接受巴黎大學提供的助理講師職位，年薪一萬法郎，這是她第一份得自巴黎大學的薪水，也成為法國第一位女性大學教授。

一九〇六年十一月五日，她首度登上講臺授課。如同以往一般，公開演講讓她非常的緊張，但是媒體對她的首次課堂講課則是讚譽有加：「第一眼注意到的是她宏偉的額頭，那不僅是一位站在我們面前的女士，而是一個充滿思想活生生的大腦。」一九〇八年，居禮夫人升任為巴黎大學的物理學正教授。

在一九〇三至一九〇六年間，居禮夫人還面臨了一項科學挑戰。知名的天文物理學家與熱力學之父——凱爾文爵士（Lord William Thomson Kelvin, 1824-1907）投書倫敦時報（Times of London），質疑鐳不是一個元素，而是一種鉛與氦的化合物。居禮夫人無法反駁，因為她在一九〇二年所發現的是氯化鐳化合物，並沒有得到鐳的純元素，於是她決心將鐳元素純化出來，以杜悠悠之口。經過四年艱辛的反覆實驗和努力，她終於得到幾公克的純鐳，並證明這是一種元素。

一九一一年十一月，她再度被提名為諾貝爾化學獎的候選人。這是因為她先前雖然發現了鐳這個元素，但是一九〇三年的諾貝爾物理學獎卻以輻射線研究的理由，共同頒給了居禮夫婦與貝克勒爾，因此一九一一年的諾貝爾化學獎，終於頒發給居禮夫人一人，以表彰她發現鐳元素的重大貢獻。

一九一一年，居禮夫人希望入選為法國科學院院士，如此她便能在每週的院士會議中發表她的研究結果，並享有在學會期刊上快速又免費發表論文的便利性。但是她忽略了自己身為女性，又是一位原籍外國人身分的自由派人士。當時另有一位六十六歲虔誠的天主教男性，也在競爭這個院士職位。科學本質的焦點被模糊了，這場競爭成為一項聳人聽聞的新聞事件，一方是自由派的前衛女性，一方是反女性外國人的國家天主教徒。最後居禮夫人以一票之差，未能當選為院士。她對這個結果非常失望，終其一生不再尋求當選法國科學院院士，也不再發表她的論文於這個學會的期刊上，而保守的法國科學院直到一九七九年，都未曾有任何一位女性當選過院士。

與朗之萬的感情韻事

成名後的居禮夫人，還曾傳出與知名學者朗之萬之間有一段感情上的韻事，鬧得風風雨雨的。

朗之萬是居禮先生的學生，於一九〇二年在居禮先生的指導下獲得索邦大學的物理學博士學位，後來也成為巴黎大學的教授，他一直都是居禮夫婦的家庭好友。

朗之萬專長研究氣體的分子結構，以及物質暴露在輻射線下所釋放出的X射線，他與居禮夫人可能是法國「唯二」了解量子理論與愛因斯坦相對論的物理學者。當時法國大多數的科學家，把愛因斯坦視為「反法國」的德國佬，對其理論不屑一顧。因此他們二人間，惺惺相惜應該是很自然的。

朗之萬比居禮夫人年輕五歲，是一位英俊迷人的紳士。他的妻子希望他辭掉大學教授，到工業界任職高薪的工作。但是居禮夫人與其他學者則挽留他繼續留在大學，從事研究。朗之萬夫妻的感情並不好，他於是在距離居禮實驗室步行十分鐘的距離處，租了一間公寓獨居，並作為辦公之用。在一九一一年間，孀居的居禮夫人經常到其住處拜訪，並共進午餐；附近的鄰居形容他們二人彷彿一對戀人。

朗之萬的妻子珍妮曾闖入朗之萬的辦公室，並宣稱取得她先生與居禮夫人間的一些往來書信，而向法院訴請離婚。法國日報還刊出一篇〈一個愛情故事：居禮夫人與朗之萬教授〉的報導，描述他們二人間的密切關係。這對居禮夫人的名聲，造成很大的損傷，因為媒體將此事件渲染成：一個波蘭女人偷走一個法國女人的丈夫，而這件事還一度引起巴黎大學和法國政府的高度關切。直到一九一一年十二月九日，朗之萬與其妻子珍妮達成庭外和解，此事件才逐漸平息。

居禮夫人與朗之萬之間是否真的發生婚外情？沒有人確知。一九一三年，朗之萬重回妻子懷抱。多年後，朗之萬的孫子娶了居禮夫人的外孫女，也算是一段佳話吧。朗之萬的妻子珍妮還出席了婚禮，但並未發言，也沒有對當年事件做出任何評論。

設立鐳研究所，成為世界核研究領導中心

一九一一年年底，居禮夫人從瑞典接受諾貝爾化學獎回來之後，身心再度崩潰，她

被醫護人員用擔架抬入一間安養院。她認為會玷汙了居禮這個名字，因此堅持入院時使用假名，即使長女伊蕾娜（Irène Curie）就陪伴在身側，所幸在療養院期間細心調養後，她很快便康復了。

此時，德國、英國、丹麥等國家已設立了專門研究物理學的研究所，聚集國家一流的物理學家，一同討論和研究大家有相同興趣的題目。但是法國的物理學家則仍停留在單打獨鬥的方式，在自己的實驗室和學生埋頭苦幹。於是居禮夫人設法說服巴黎大學和巴斯德研究所當局，力陳設立一個研究輻射學之物理研究所的重要性，以及輻射線在未來醫療上的可能應用。

在她的領導下，一棟「鐳研究所」（Institut du radium）的建築物終於在一九一四年落成，後來此研究所又改名為居禮研究所。

鐳研究所在居禮夫人的領導下，很快變成為世界上研究核子的領導中心，做出許多重大的科學發現。例如佩里（Marguerite Perey, 1909-1975）發現了一種具輻射性的新元素鍅；羅森布朗（Salomon Rosenblum）研究 α 射線；伊蕾娜・居禮與其夫婿約李奧（Frédèrick Joliot）研究原子核結構和發現人工輻射元素，並於一九三五年獲得諾貝爾化學獎等。此研究所的另一特色是，經常保有一些職位專門提供給女性和外國人，在一九三三年的四十位研究人員中，就有十七位是來自外國。

推廣輻射在醫療上的應用

一九一四年八月第一次世界大戰爆發，居禮夫人認為X射線可在前線醫院中作為診察彈傷與骨折的利器。她向巴黎富人募款，向實驗室尋求設備協助，向法國的國防部長提出申請，終於完成一部可移動式的X射線車輛運到前線服務。這輛全球第一個移動式的X射線設施，還被人暱稱為「小居禮」（petite Curie）。在第一次世界大戰結束前，居禮夫人在法國與比利時的前線共設立了兩百座X射線檢查站，並且訓練了數百名婦女技術員，包括她的長女伊蕾娜在內，於前線為受傷的軍人提供醫療照護，這些設施共檢查了超過一百萬名的受傷軍人。

居禮夫人還蒐集鐳元素蛻變後產生之具輻射性的氡氣，將其密封在小玻璃瓶中運到全世界的醫院，用來治療癌症腫瘤。她因為經年累月地大量與輻射性的物質接觸，相信世界上恐怕沒有人暴露的輻射劑量會超過她。但是為了人類的福祉，她義無反顧。

雖然居禮夫人如此努力的付出，但是法國政府在大戰期間從未肯定過她的愛國行為。她並不灰心，她知道可以利用居禮這個名聲來與政府談條件，去募款，去影響社會大眾，並成就一些對人類有貢獻的事情。例如她幫助波蘭成立一個類似的鐳研究所，並建立了鐳的國際標準單位。為了推廣輻射的研究，她也四處籌募資金，設立學生的獎學金，並捐贈鐳和氡給世界上許多研究單位作為研究之用。

一九二〇年，一位重要的美國女性梅洛妮・布朗女士（Mrs. Marie Mattingly Meloney Brown）來到她的生命中。梅洛妮是第一位在美國參議院記者席上擁有座位的女記者，也是當時全美國最著名的女性雜誌《Delineator》的編輯。她前來居禮夫人的辦公室進行採訪，並了解到居禮夫人的需求。之後她舉辦了有史以來最大規模的全球募款活動，共募集到十萬美金來採買一公克的鐳，提供給居禮夫人做為研究之用。

梅洛妮還安排居禮夫人到美國訪問，接受二十所大學頒贈的榮譽學位。美國總統沃倫・哈定（President Warren Harding）親自在白宮接待居禮夫人。當居禮夫人與她的二位女兒，伊蕾娜和伊芙（Eve），抵達紐約市時，民眾和樂隊夾道歡呼，旗幟和彩屑飛揚整個紐約市的天空。

《科學美國人雜誌》（*Scientific American*）形容居禮夫人為：「態度謙虛，衣著得體，外觀充滿女人味與母愛……她正是那位為人類美好事物而努力，以及拓展科學知識的居禮夫人。」居禮夫人在美國一夕成名，並受到美國人熱烈的歡迎。

一九二九年，六十二歲的居禮夫人再度應梅洛妮的邀請前來美國訪問，並募集到足夠的資金購買一公克的鐳給她的祖國波蘭。而梅洛妮也成為居禮夫人一生的知己好友。

難以避免的輻射傷害

由於長期與輻射線為伍，居禮夫人的健康受到很大的影響。在一九二〇至一九二九年之間，她進行了二次的白內障手術，而白內障正是輻射傷害首先產生的症狀之一。由於視力嚴重受損，她的演講稿字體必須放大到約六公分，每日由住家到實驗室，也要靠她的長女伊蕾納來協助。

當時人們對於輻射線對人體的傷害所知不多，居禮夫人除了白內障之外，還有貧血、耳鳴、疲倦等健康問題。鐳研究所並沒有針對輻射線對健康造成的傷害進行研究，在一九二〇年代，一些員工也因為長期接觸輻射線，因而罹患貧血和白血病（血癌）而去世。雖然居禮夫人的健康不佳，但是她仍然全心投入物理學的研究，並經常參加各種物理學的研討會。

居禮夫人非常重視她個人的隱私，晚年，她幾乎將個人所有的私人信件都銷毀了，包括那些她與朗之萬間引起爭議的信件。她僅保留了非常少數的私人文件，如她的丈夫皮埃爾給她的情書、學生時期別人給她的愛慕信件以及丈夫去世後她所寫的日記。

在她生命最後的幾年，居禮夫人仍然保持對科學的好奇心與熱愛。她親見長女伊蕾娜與其夫婿發現人工輻射元素，逐漸成為獨當一面的傑出科學家。由於健康欠佳，她也將所中的事務逐漸轉移給年輕的一代，讓她一手所創立的鐳研究所繼續成長茁壯。

一九三四年七月四日，居禮夫人因嚴重的白血病，而去世於法國薩伏伊省靠近阿爾卑斯山的一間安養院，享年六十七歲，來不及親眼目睹長女於次年榮獲諾貝爾化學獎。

為科學無私犧牲，是永遠的典範

居禮夫人去世時，隨侍在側的次女伊芙為了懷念母親，親自走訪波蘭，蒐集有關母親的文件和事蹟，於一九三七年出版了著名的《居禮夫人傳》一書，讓更多的世人認識這麼一位傑出的女性科學家和人類的典範。

一九九五年四月二十日，居禮夫人與她的夫婿皮埃爾・居禮的骨灰被移入巴黎的先賢祠（Panthéon），與眾多偉人共享一堂，永遠受後世人們的景仰與懷念。

居禮夫人一生過著簡樸的生活，熱愛祖國，並將她的一生完全奉獻給科學。她的次女伊芙是這樣地描述她的母親：「在她短暫的一生中，瑪麗・居禮比她所做出的成就和生命更可貴的是：堅定不移的人格、對知性的執著、無私的自我犧牲和奉獻，尤其是無論任何毀譽也不改其志節。」居禮夫人一生在科學上的貢獻，足可與伽利略、牛頓和愛因斯坦相提並論。而她對人類文明與社會所造成的影響也已遠超出言語所能形容了。

她將是人類歷史上永遠的瑰寶與典範！

科學家小事典

居禮夫人

・發現了鐳和釙，開創放射性理論，並用於醫療。

・唯一獲得兩次不同科學諾貝爾獎項的女性。

（photo credit : US Public Domain image）

公共衛生學與女性運動的領航者 ——**莎拉・約瑟芬・貝克**

（Sara Josephine Baker, 1873 ～ 1945）

「女性在努力爭取政治上的承認時，應該與男性享有同等作為人類的權利。」

——莎拉・約瑟芬・貝克

莎拉・約瑟芬・貝克（Sara Josephine Baker）是美國公共衛生學的先驅，並活躍於女權運動。她是首位推動公共衛生的女性醫師，曾任紐約市衛生局兒童衛生部的主任。在她的領導下，紐約市新生嬰兒的死亡率大幅降低，成為世界各大都市之最低者。在她的生涯中，追蹤「傷寒瑪莉」的過程最為人們所津津樂道；她還擔任過美國駐國際聯盟的健康委員會代表，推廣公共衛生不遺餘力，對人類健康有非常重大的貢獻。由於身為女性，事業發展上曾遭受許多不公平的待遇。但是她不屈不撓奮力為女性爭取應有的權利，是一位知名的女權運動人士。

出生於傳染病盛行的時代

在十九世紀末，微生物學才剛剛開始發展不久，而公共衛生的觀念尚不為人所知，在那個時代傳染病經常在人類社會中大肆流行，特別是在人口密集的都市。

痢疾、白喉、肺炎、百日咳、天花、傷寒、霍亂、流行性感冒以及許多其他傳染病往往造成大量人口的死亡，尤其是抵抗力較弱的兒童。以美國的紐約市和波士頓市等先進的大都市為例，公共衛生的設施並不良好，而有些大都市更是完全付之闕如。

這些城市的公共衛生情況非常糟，例如死掉的動物屍體就丟棄在街道旁，任由其腐敗，而未經巴氏滅菌的牛奶也放在生鏽的鐵罐中公開販售。在紐約市，三分之一的死亡人口是一歲以下的嬰兒。一九〇二年，紐約市的當時的貧民窟Hell's Kitchen區，每週就有一千五百個嬰兒死於傳染病，傳染病對人類社會造成的傷害可見一斑。

那時的人們只有在生病時才會去找醫師，至於預防醫學，則是聞所未聞。既沒有公共衛生醫師與護士，也沒有公共衛生政策。也很難想像民主先進的美國，在當時女性還在為投票權，四處奔走爭取中。但是隨著時代的發展，情況開始逐漸改變。本文的主角莎拉・約瑟芬・貝克，就是為人類公共衛生學發展做出重要貢獻的先驅之一；身為女性，在推展新觀念時所遭遇的困難，倍於常人，雖然一生屢遭性別上的差別待遇，但仍全心投入女權運動，終於締造出不朽的功績。

成為醫生，擔任公職投入公共衛生

莎拉於一八七三年十一月十五日出生於美國紐約州波基普希鎮（Poughkeepsie）一個富有的世家。她的父親名叫奧蘭多（Orlando Daniel Mosser Baker），是一位信奉貴格教派（Quaker）的律師；母親珍妮（Jennie Harwood Baker）則是最早在瓦瑟學院（Vassar College）就讀的女性之一，該學院與國人熟悉的衛斯理學院（Wellesley College）同為美國歷史最悠久的女子七姐妹學院之一，校址位於波基普希鎮。由於她的阿姨艾碧（Abby Baker）自幼便鼓勵她追求知性與勇於挑戰傳統舊觀念，這對於她日後決定習醫有很大的影響。

家裡最初也安排她未來進入瓦瑟學院就讀，但是十六歲時，父親不幸罹患傷寒而病逝，因此她不顧家人與親友的反對，決心要進入醫學院做一位濟世救人的醫生。

在當時，醫生幾乎都是男性的天下，唯一的一所女子醫學院是由美國第一位女性醫師依麗莎白・布萊克威爾（Elizabeth Blackwell）於一八六八年創立的「紐約婦兒科醫院附設女子醫學院」。她在一八九四年進入該女子醫學院就讀，全班只有十八位學生。經過四年密集的學習，於一八九八年畢業獲得醫學學位，隨即進入波士頓市的新英格蘭婦幼醫院（New England Hospital for Women and Children）實習，同時也在一所位於波士頓市最糟糕貧民窟的診所擔任門診工作。莎拉・約瑟芬・貝克（以下簡稱貝克）在這個診所中首次了解到一個城市黑暗角落中，貧窮的民眾所受到的醫療照顧是如何的貧乏。

不久之後，貝克與她的一位實習醫師室友一同前往紐約市，在鄰近中央公園處設立了一個診所，想在醫學上有所發揮。但是她發現僅是診療一些病人，所能做出的貢獻有限，且收入也無法糊口，於是她接受了紐約市衛生局的一個醫學檢查員的職位。工作內容包括檢查學校中生病的孩童，並且設法控制傳染病在校中蔓延，她也因此成為美國歷史上第一位女性的公共衛生官員。

一九〇二年，紐約市當時有個惡名昭彰的貧民窟「地獄廚房」（Hell's Kitchen），該區之所以被稱為「地獄廚房」，是形容當地的環境比地獄還要惡劣，到處充斥著衛生不佳的工廠與屠宰場，居民多為逃避愛爾蘭大飢荒而來此的移民。由於貝克醫師身為女性，因此在工作上受到許多不公平的待遇，調查該區生病孩童的苦差事便落在她的頭上。但是貝克醫師並未退卻，她親自挨門挨戶地進行查訪，詳細調查各種傳染病病患，例如痢疾、天花、傷寒……等。

在她日後的自傳《為生命而奮鬥》（Fighting for Life）中，她形容這段經歷：「我接受此一艱苦的考驗，我所負責的區域是紐約市西區舊地獄廚房的中心地帶。該區充斥著熱氣、臭味，它的骯髒令人難以置信。我一階階地爬上爬下，一戶戶地敲門，遇見一個個醉醺醺的酒鬼，見到一個個骯髒的母親，以及一個個垂死的兒童。」

將兒童從傳染病中拯救出來

由於貝克是一位公共衛生官員，她也負責檢查公立學校的學童健康狀況。在短短的一小時中，她需評估三所學校，她有權決定將任何生病的學童送回家，但是負責糾舉逃學的官員，幾乎立刻將這些孩童又送回學校。

一九〇八年，紐約市衛生局設立了一個兒童衛生部門，任命貝克為該部門的主任，她也因此成為美國史上第一位女性衛生部門的主管。在此職位上，貝克展開了許多創新的公共衛生及教育制度改革，並進而推展到全美國。這些制度後來還影響了許多其他國家的公共衛生政策，拯救了無數的孩童免於傳染病的死亡威脅。

為了解決兒童的健康問題，貝克設立了一個全紐約市的護理計畫，她召集了三十位護士成立一個團隊，挨門挨戶地去拜訪孩童家庭。她親自教導母親基本的衛生、營養和保持門戶通風的觀念，以減低兒童的死亡率。這個計畫在貝克領導下獲得空前的成功，她所負責的區域在一九〇八年夏季，新生嬰兒死亡人數由原先的每週一千五百人降至三百人。

在學校方面，肆虐紐約學校多年的頭蝨和砂眼問題，也在她的規劃之下，逐漸消失無蹤。此外，在這個護理計劃之下，還設立了免費的牛奶供應站，補充貧苦家庭兒童的營養。貝克還針對嬰兒設計了一個新牛奶配方，將全牛乳加水稀釋，並添加鈣質與乳糖，使之適合嬰兒食用。

她的貢獻還包括使用硝酸銀滴眼劑，用來預防新生嬰兒眼睛受到淋病細菌的感染與失明；設計安全又舒適的新生嬰兒服裝；允許接生婦考取助產士正式執照，執行居家接生的醫療業務；以及成立「小媽媽聯盟」，教導八、九歲的女童來協助上班的母親，照顧家中的幼兒。其中最後二項計畫曾引起許多爭議。

在助產士的計畫方面，這是因為當時紐約市許多外籍的移民孕婦，一方面因為經濟因素付不出醫院的生產費，另一方面也不習慣在醫院由男性醫師接生，而情願找女性接生婦在家生產的緣故。有人（主要是一些男性醫師）認為在家由助產士接生，嬰兒所得到的照護比不上設備完善的醫院，因此死亡率會較高。但是貝克認為應該考量民眾的實際需求，堅持執行這個計畫。而後來事實證明這個計劃是成功的，統計資料顯示居家接生的嬰兒死亡率不但沒有增加，反而還略低於醫院出生者。

在「小媽媽聯盟」方面，也有許多反對者認為這個計畫只是替那些不負責任的母親找藉口，將照護幼兒的責任推給年齡較長的女兒，而母親本身卻跑去飲酒作樂或是去看電影。但是貝克深深了解低下階層民眾的實際生活環境，以及許多母親必須工作養家的困境，因此她仍然大力推動這個計畫，最終也獲得相當顯著的成效。

由於貝克在紐約市衛生局兒童生育部門的工作太成功了，還曾引起了一些紐約市醫生的抗議。有三十位布魯克林區的醫生聯名簽署了一份請願書，向當時的市長抗議，他們認為應該裁撤這個部門，因為它將兒童的健康照護得太好，使得醫師的工作面臨威脅。貝克則對市長表示，她認為這封請願書是對紐約市兒童福利部門的肯定與恭維。毫無疑問地，社會制度來到了該轉變的時機，而貝克醫師正是點燃這時代風潮的先驅！

追蹤「傷寒瑪莉」事件

貝克職業生涯中最為人津津樂道的一件事，大概就是她追蹤「傷寒瑪莉」的經過了。傷寒是一種經由飲食傳染的疾病，具有很強的傳染力，其病原微生物是一種格蘭氏陰性的沙門氏傷寒桿菌（*Salmonella typhi*）。患者的症狀包括腸胃炎、嚴重腹瀉、腹痛、高燒、皮膚出現玫瑰色斑，嚴重者還會造成腸道穿孔與出血，甚至死亡。

「傷寒瑪莉」本名瑪莉・馬隆（Mary Mallon），於一八八三年自愛爾蘭移民美國紐約市任職廚師。她在一九〇一年搬遷到紐約市的曼哈頓區，為一戶人家幫忙廚房的工作。有天，一位傷寒患者來訪並用餐，一個月之後瑪莉與其他幾位傭人出現了傷寒的症狀。雖然瑪莉後來痊癒了，但是也因此成為健康的帶原者，外表完全沒有罹病的症狀，可是傷寒桿菌卻不斷地從她的排泄物釋放到環境中。

一九〇二年，瑪莉改到另一名律師家中幫傭。兩週之後，家中有七位成員染上了傷寒，一位洗衣女孩還因此喪生。一九〇三年她離職到紐約州的綺色佳（Ithaca, New York）去擔任家庭廚師，大多數的人都相信她是當地一次大規模傷寒流行病的元兇，該次事件曾導致一千三百人的死亡。一九〇四年，瑪莉又轉到紐約市的長島區工作，三週之內有四位同時工作的僕人染上傷寒。一九〇六年，瑪莉再度換到另一位新雇主家工作，同樣地，一週之內有六人染上傷寒。兩週後，她又更換到新雇主家工作，並造成一位洗衣婦染上傷寒。傷寒如陰影般地跟隨著她四處散播，她也因此被人懷疑是散播病原的元兇。

一九〇六年，紐約市衛生局僱用了一位警署醫師喬治‧索普（George A. Soper）展開追蹤與調查，他首先注意到這些案例似乎與瑪莉間有某種關連。一九〇七年，瑪莉用假名在紐約市一個家庭中擔任廚師，在她工作兩個月之後，家中有人感染到傷寒。

貝克被派往瑪莉工作的地點訪視與採樣。在第一次訪視時，瑪莉當著貝克的面，將大門狠狠地砰的一聲關上。第二天貝克率著幾名警察再次拜訪，瑪莉仍然試圖甩上門，但是幸好一位警察機警地將腳伸入門內，強行進入。瑪莉轉身向內逃跑，竟然無影無蹤。貝克醫師從後窗望出，注意到牆邊有一把椅子，雪地上則留有一行腳印，結果瑪莉從鄰居家中的壁櫥中被搜出。但是瑪莉非常不合作，拒絕抽血與採集糞便檢體，最後被強行羈押用救護車送往醫院。

她的血液和尿液都呈現陰性反應，但是糞便中卻檢驗出傷寒桿菌。一九〇七年三月二十日起，瑪莉被羈押與隔離在威拉德・帕克醫院（Willard Parker Hospital）兩年多。隔離期間，醫院嘗試了所有的方法來清除她體內的傷寒桿菌，但是都未能奏效。在瑪莉承諾每三個月要回醫院報到追蹤檢驗，並且不再從事廚房的工作之後，她於一九一〇年獲釋。

雖然瑪莉本身也感到懊惱，但是廚藝是她唯一的謀生技能，因此在她獲釋後，立刻逃跑並更換姓名在紐約市的貴婦醫院（Sloane Hospital for Women）擔任廚師。結果又造成了二十五人感染、八人不治，其中還包括醫生與護士。一九一五年她再度被羈捕，並被送到北兄弟島（North Brother Island）終生隔離，直到一九三八年去世為止，共隔離了二十三年。死後解剖屍體，在她的膽囊中發現有大量的傷寒桿菌存在。而惡名昭彰的「傷寒瑪莉」也成了她的代名詞，永遠在人類歷史上留下紀錄。

瑪莉的遭遇在公共衛生與個人權利上，曾引發了很大的爭議。即使在今日，政府是否有權力因公眾安全的理由來限制個人的自由，也是眾所矚目的議題。當然，後來由於抗生素的發明，傷寒可以有效地被治癒，也就不會再出現類似「傷寒瑪莉」的案例了。

面對性別歧視，爭取女權

貝克所處之年代，無論是在社會制度上或是工作領域上，女性並無法享有與男性相等的待遇與權利，尤其是在醫藥這一行。她在獲得醫學學位之後，工作上也遭受到許多的歧視。例如她初到紐約市衛生局工作時，就被派往貧民窟做家庭訪視。後來由於她的努力與堅持，成功地大幅改善兒童健康與降低死亡率，但是仍然得不到男性醫師的認同，甚至還遭到打壓。

當她被任命為紐約市衛生局兒童福利部主任時，有六位男性醫師憤而辭職，因為他們認為在女性手下工作是丟臉的。後來當她在此職位上申請終身職時，更遭遇到極大的壓力，甚至要求她離職。所幸她受到輿論廣大的好評，眾多受惠的母親甚至遊行到市長官邸力挺她，而得以過關。

一九一五年，紐約大學醫學院成立了一個公共衛生博士學程，當時的院長威廉・派克（William Park）邀請貝克擔任課程的講師，於是她提出要求也進入這個學程，以便取得正式的公共衛生學位。但是派克院長以醫學院不收女生為由，拒絕了她的提議，於是貝克也拒絕在此醫學院擔任講師。經過一年多的找尋，派克院長仍然找不到合適的人選來授課，最後只好接受貝克和其他女性申請加入這個博士學程。

她初次赴任上課時還發生了一段插曲。她回憶當時的情景：「我站在講堂中央，四周被一排排高聳的座椅所包圍，而座椅上坐滿了任性、不耐煩、無情的年輕男士。我望過他們，然後開始我的講課。但是我還沒開口說出第一個音節，他們就發出如雷鳴般的掌聲，不斷喧鬧，還露齒大笑。」貝克只得大聲吼回去，而在該課程結束時，學生回報以溫暖的鼓掌。在她十五年的任教中，類似事件總是一再發生。

由於長期遭受性別上的差別待遇，因此貝克挺身而出，致力於爭取女性在社會上享有與男性同等的權利以及參政權，成為一位知名的女性主義者。

她與其它五女性成員成立了一個推動平等投票的聯盟，並參加第一屆爭取投票權的大遊行。她還與其他女權成員在白宮晉見美國總統威爾遜（President Woodrow Wilson, 1856-1924），要求總統支持授予女性投票權的第十九憲法修正法案，該修正法案規定了美國政府不得因為性別而否認或剝奪公民的投票權。經由這些先驅們的努力，一九二〇年美國第六十六屆國會終於通過了第十九憲法修正法案，而美國女性也從此才得以享有與男性平等的投票權。

從公衛到平權，一生致力推動

貝克對於各種專業與社會活動積極參與，她是許多學會的會員，並在學會中擔任重要職務或顧問，包括極具影響力的非正統學會（Society of Heterodoxy），該學會於二十世紀初期，在串聯美國女性組織上曾扮演重要角色。她擔任新澤西州克林頓婦女感化計畫的理事與顧問、紐約州婦幼醫務與兒童福利基金會的榮譽會長、美國衛生學會和美國醫學婦女學會的會長；也是美國兒童健康學會的創始會員，並曾擔任會長。

此外，她還是美國參加國際聯盟（League of Nations）的首位女性官員。在她退休之後，她還活躍於二十五個以上的委員會，致力於促進兒童的健康與照護。雖然她在醫學界上曾作出無與倫比的貢獻，但或許是身為女性，貝克終其一生並未獲得公共衛生的博士學位。

貝克終生未婚，全心致力於推動兒童健康，她雖然於一九二三年從公共衛生工作上退休，但是她從未停止過推動婦女平權的社會運動。一九三三年起，她遷居到新澤西州斯克爾曼市（Skillmann, New Jersey）的崔維納農莊（Trevenna Farm）與知名的美國女權運動人士路易絲・皮爾斯醫師（Dr. Louis Pearce, 1885-1959）和著名作家艾達・威麗（Ida A.R. Wylie, 1885-1995）等人合住，偉大的心靈似乎總是互相吸引。這些事業有成的女性先驅都犧牲了個人的婚姻與家庭，為著理想來努力奮鬥；但是相對的，成功的男性卻往往能在創造事業的同時，也享有幸福的婚姻生活。緬懷先賢，不勝唏噓，我們今日號稱民主進步的社會，在法律上、社會制度上、以及人們的心態上（包括女性本身），真正做到兩性平權了嗎？

貝克一生中共發表了超過兩百篇的論文以及五本書籍，包括她在一九三九年所出版之著名自傳《為生命奮鬥》（Fighting for Life）一書。一九四五年二月二十二日，她因罹患癌症而病逝於紐約市。

貝克對兒童健康的促進，或許可以從以下數字窺之一二：在她開始擔任紐約市公共衛生局兒童福利部主任時的一九〇七年，嬰兒的死亡率是六分之一，但是到了一九四三年，死亡率已降到了二十分之一；而她在女權奮鬥上的成就，更是令人感佩。

性別歧視、人權、傳染病仍然是我們現代人類社會中的重要議題，貝克對這三方面的貢獻與一生傳奇的經歷，永遠值得後人深思與緬懷。

科學家小事典

莎拉・約瑟芬・貝克

・美國史上第一位女性公共衛生官員，也是重要女權運動先驅。

・追蹤找尋傷寒瑪莉，將這名超級帶原者羈押送檢。

(photo credit : US public domain image)

突破壁壘的女性微生物學領袖
——愛麗斯 · 凱薩琳 · 艾雯絲

(Alice Catherine Evans, 1881 ～ 1975)

「每一個偉大的科學進展，都來自嶄新而大膽的想像力。」
——杜威

愛麗斯・凱薩琳・艾雯絲（Alice Catherine Evans）是著名的細菌學家，也是美國農業部動物工業局的第一位女性主管。她首先發現人類的馬爾他熱（波狀熱）是因為感染了布氏桿菌而造成，並証明感染的途徑是含菌的牛奶，因而促進了強制牛奶全面巴氏滅菌的法律，拯救了無數的生命。

她一生專注於細菌傳染病的研究卓然有成，雖然身為女性且沒有博士學位而曾遭受到許多不平等的待遇，但最後終於獲得科學界的肯定，獲選為美國細菌學會的第一位女性會長。退休後，仍積極為女性在事業上的發展而努力，並四處演講有關女性的職業發展，尤其強調女性在科學研究領域上的重要性。她是微生物學和公共衛生學界的典範，也是為正義而奮鬥的英雄。

家境貧寒，靠補助與獎學金完成碩士學位

愛麗斯・凱薩琳・艾雯絲（以下簡稱艾雯絲）於一八八一年一月二十九日，出生在美國賓夕法尼亞州尼斯鎮（Neath, Pennsylvania）的農家。祖父於一八三一年由英國的威爾斯移民此地定居，父親名叫威廉（William Howell Evans），是一位農人和教師，曾參

加過南北戰爭。母親名叫安妮（Anne B. Evans），十四歲時從英國的威爾斯隨家庭移民到此。

艾雯絲與哥哥莫根（Morgan Evans）都就讀當地的中小學，她直到專科才到位於賓州托旺達（Towanda, Pennsylvania）的薩斯奎漢納學院（Susquehanna Collegiate Institute）就讀，於一九〇一年畢業後，由於家貧付不出繼續就讀大學的學費，艾雯絲只得到小學擔任教師，這是當時女子能找得到的少數工作之一。

她在小學任教了四年，直到她的哥哥告訴她康乃爾大學的農學院，有一個針對偏遠地區教師設立，免費兩年自然科學課程。於是她立刻申請並如願進入康乃爾大學，兩年後獲農業學士學位。

康乃爾大學在當時是研究農學的重鎮，有一個培訓農業科學精英的計畫，授課教師包括了著名的昆蟲學家康姆斯塔克教授（John Henry Comstock, 1849-1931）和脊椎動物學家懷海德教授（Burt Green Wilder, 1841-1925）等人。在學兩年期間，艾雯絲選擇了當時還很嶄新的細菌學作為研究的主題。她的指導教授是一位研究乳製品的微生物學專家斯達金教授（William A. Stocking, 1840-1930），在此她學習到許多細菌學的專業知識。

一九〇八年獲得農學學士學位後，經由指導教授的強力推薦，艾雯絲得到威斯康辛大學（University of Wisconsin）的一個研究細菌學的獎學金，這是此獎學金首次頒給一位女性。她在此攻讀碩士學位，論文指導教授是海斯丁（E.G. Hastings, 1872-1953）博士，其中另一位指導她化學和營養學的教授則是後來發現維他命A與維他命D的麥克科倫（Elmer V. McCollum）。艾雯絲於一九一〇年完成學業，獲得碩士學位。

發現染病原因在生牛乳中

她的指導教授海斯丁博士希望艾雯絲留下來繼續攻讀化學方面的博士學位，但是基於她的家庭經濟情況不佳，且在當時博士學位也不是從事科學研究的必要條件，因此艾雯絲決定先找個在實驗室的研究工作。很幸運，海斯丁教授正好接受美國農業部的委託，在威斯康辛大學校園內主持一個動物工業的乳品研究單位。於是艾雯斯成為此單位雇用的研究助理，她的工作主要是研究起司風味的改良，而製造起司正是威斯康辛州的主要工業之一。工作期間艾雯絲為了充實專業知識，每年還在大學選修一門課。她在此共工作了三年，並與海斯丁教授和一位化學系的哈特教授（E.B. Hart）共同發表了四篇論文。

一九一三年夏天，艾雯絲被調到華府農業部新成立不久的動物工業局（Bureau of Animal Industry）工作。報到時，艾雯斯才發現她成為這個部門的首位女性員工。在她之後的回憶錄中道：「根據一項傳言，一位女性研究員要加入的壞消息傳到動物工業局的一項會議中，大家都驚惶不知所措；一位速記員還形容當時在場的人，幾乎都快從椅子上跌了下來。」儘管如此，艾雯斯在報到時仍然受到熱烈的歡迎，局長饒歐博士（B. G. Rawl）與研究部主任羅格斯（Lore A, Rogers）都不排斥一位女性研究員加入團隊。她在此實驗室的研究題目是牛乳中的細菌，以及這些細菌如何進入牛乳中。

她首先研究能引起牛隻流產的班氏病（Bang's disease），以及一種山羊的布氏症（Brucellosis）。山羊布氏症是一種人畜共通疾病，在一九〇五年被英國獸醫師布魯斯（David Bruce, 1855-1931）及其助手札彌特（Themistohles Zammit）所發現，這種病症會透過羊乳傳染給人類，造成馬爾他熱（Malta fever，也可稱為波狀熱）。之前的科學家都認為山羊的布氏症與引起牛流產的班氏症是二種不同的疾病，這是因為當時布魯斯認為山羊的布氏症與馬爾他熱的病原菌是一種球狀的微球菌（*Micrococcus melitensis*），而造成牛流產的班氏病原菌則是一種桿菌之故。但經艾雯斯研究及鑑定後，證明其實二者都是同一種桿菌所引起的，後人為了紀念布魯斯首先研究此症的貢獻，因此將此病原桿菌更名為布氏桿菌（*Brucella abortus*）。艾雯絲的這項發現，澈底改變了人類對牛乳安全的觀念。

在艾雯斯所處的時代，大家都認為愈新鮮採集的乳汁，愈安全也愈有營養，然而艾雯絲卻發現並非如此。她首先發現人類若飲用了罹患班氏症乳牛的生牛乳，就會感染到類似馬爾他熱的病症。這與之前布魯斯發現飲用了不潔的生羊乳罹患馬爾他熱非常類似。她培養出二者的病原菌，然後進行仔細的檢查，意外地發現二者有高度的相似性。艾雯斯於是在一九一七年的美國細菌學會上發表了她的發現，並提出飲用遭汙染的生牛乳可導致疾病的假說，次年又寫成正式論文出版於感染疾病學期刊（Journal of Infectious Diseases）上。

然而這項重要的發現，在當時卻被認為是褻瀆醫學界的大膽言論，不但未受到科學界的重視，甚至還遭到來自醫生、獸醫師、乳品業以及其他科學家的嘲笑與撻伐。沒有人相信同一種細菌竟會同時造成動物以及人類的共同疾病，而且就算是有，也應該早被其他微生物學家發現了，哪輪得到艾雯斯——一個沒有博士學位女性的份！

但事實勝於雄辯，一位舊金山的科學家邁耶（Karl F. Meyer）在一九二〇年首先證實了艾雯斯的發現，而接下來的四年中，又有來自七個國家的十位科學家陸續發表相同的結論。這項重要的發現終於被大家肯定，在艾雯斯去世後，華盛頓郵報的訃聞作者是這樣寫道：「這是本世紀前二十五年最傑出的一項醫學發現。」

另外值得一提的是艾雯斯在研究馬爾他熱時，於一九二二年也不幸感染上此疾病，這在早期微生物學界是很常見的事。在之後的二十年間，她一直遭受此疾的糾纏，有時在一個月內，不停地出現發燒與疼痛的現象，體溫也會反覆上升和下降。更糟的是，這種症狀往往被人誤認為幻想出來的，這也正是此疾病的特徵之一。艾雯斯曾說：「真的生病卻被人誤解為騙子，實在令人無法忍受。」儘管如此，她並不喪氣，她一直保持幽默的心情，來面對這個惱人的疾病，並且關心其他病患，用寫信的方式與他們保持聯繫並提供建議。

推廣牛乳巴氏滅菌

巴氏滅菌是法國微生物學大師巴斯德（Louis Pasteur, 1822-1895）於一八六四年所發明，是一種以加熱食品來滅菌的方法，他發現以攝氏五十五至六十度的溫度，將剛發酵完成的葡萄酒加熱三十分鐘，即可抑制雜菌的生長，防止葡萄酒變酸。這種方法並不是要將酒中的微生物完全滅菌，而是將雜菌降低到一個安全水準，一方面可以防止酒變酸，一方面也可以保留釀製酒的口感與風味。

艾雯斯於是倡議以巴氏滅菌法來處裡生牛乳以殺死病原菌，如此消費者就不會感染到疾病了。但是此舉卻遭受到前所未有的各界壓力，包括乳品供應業者與飼養乳牛的農人，因為巴氏滅菌程序會增加乳品的成本。另一方面，一般民眾也不認為牛乳會傳染疾病，而有加熱滅菌的必要。但是艾雯斯絲毫不動搖，她以堅強的意志持續推動牛乳全面進行巴氏滅菌。

知名傳記作家狄克魯義夫（Paul de Kruif）還特地在一九二九年九月號的淑女家庭雜誌（Ladies’ Home Journal）上撰文盛讚她的成就，讓更多的民眾認識到艾雯斯對公眾健康的貢獻。而美國直到一九三〇年，公共衛生官員才終於同意艾雯絲的看法，通過法律規定只能販售經過巴氏滅菌處理過的牛乳。經過多年的孤軍奮戰，艾雯斯的研究成果終於得到世人的肯定，也造福了無數人類的健康，如今巴氏滅菌已經是全世界處理乳製品的標準程序了。

成為微生物學界的領袖

艾雯斯後來有機會進入喬治・華盛頓大學（George Washington University）和芝加哥大學（University of Chicago）就讀與研究；但遺憾的是，終其一生她並未完成博士學位，但這並不影響她熱愛研究與追求真理的熱忱。例如她在一九一八年曾加入公共衛生實驗室，研究當時席捲全球的流行性感冒大流行；在第一次世界大戰時，她也研究改良過治療流行性腦膜炎的抗血清；她還研究過小兒痲痺症與非洲昏睡病，並做出很重要的貢獻。

由於她在研究細菌學上的卓越成果，多年之後威斯康辛大學（University of Wisconsin）、賓州女子醫學院（Woman's Medical College of Pennsylvania）、以及威爾遜學院（Wilson College）都曾頒發過榮譽博士學位給她。儘管沒有正式博士學位，艾雯絲在細菌學領域的專精研究與學識淵博仍廣受大家的尊敬和肯定，因此幾乎所有的人都稱呼她為艾雯絲博士。

一九二七年，當艾雯斯正住院治療波狀熱宿疾時，傳來她被推選為美國細菌學會（現已改名為美國微生物學會）的會長，這也是該學會有史以來的首位女性會長。她在任內致力於學會的發展，並領導會員為人類的福祉而努力，成為微生物學界的典範和領袖。

一九三〇年，艾雯斯擔任美國國家研究委員會的委員，並代表美國出席在巴黎舉行的第一屆國際細菌學大會，此行她遇見了許多享譽國際的微生物學大師，並藉此機會參訪了歐洲重要的研究機構。一九三六年，她再次代表美國參加在英國倫敦舉行的第二屆國際細菌學大會，在此她遇見了發現細菌轉形（transformation）的葛瑞非斯（Fred Griffith, 1877-1941）等知名的微生物學家。同樣的，她也藉此機會參訪一些歐洲的微生物學研究重鎮，尋求合作機會。例如她在荷蘭戴夫特市拜訪了微生物學大師克拉弗（Albert Kluyver, 1888-1956）以及凡尼爾（C. B. van Niel）等人，這些都是開創微生物學的大師與先驅，使她留下深刻的印象。

在她的學術生涯後期（1939），艾雯斯開始從事溶血性鏈球菌方面的研究。溶血性鏈球菌是傳染性很強的疾病，可造成人類的喉部感染與猩紅熱，是人類重要的致死疾病。當時依血清型分類，溶血性鏈球菌大約有三十種，但經過艾雯斯對該菌免疫現象的研究，到她一九四五年退休時，鑑定出特性的溶血性鏈球菌菌株已達四十六株之多。

退休後仍倡議社會正義活動

一九四五年，艾雯斯從國家衛生院的職位上正式退休，但是她仍四處演講並持續擔任美洲洲際波狀熱委員會的會長長達十一年之久。在她的學術生涯中，一直活躍於各種學術團體。她是許多學會的院士或榮譽會員，包括美國微生物學會、美國科學促進會、華盛頓科學學會、美國大學女性協會、聯合國美國協會以及世界聯邦主義等。美國微生物學會為了紀念艾雯絲的貢獻，特別成立了一個艾雯斯獎（The Alice C. Evans Award）用來鼓勵在研究上有傑出表現的女性微生物學家，該獎項在一九八三年首次頒發並持續至今。

一九六六年，時年八十五歲的艾雯斯還因為控訴美國政府而上了新聞頭條。當時美國政府要求凡是要獲得政府醫療照護的老人，都必須簽下一條「不對共產主義效忠」的誓約，但是艾雯斯認為這項要求違反了美國憲法所賦予人民的權利。艾雯斯於是委託美國公民自由聯盟（American Civil Liberties Union）的勞倫斯・斯培瑟（Lawrence Speiser）律師正式向美國政府提出控訴。雖然最後地方法院駁回了這項訴訟，但卻破例允許艾雯斯不必簽署這項誓約即可獲得她該享有的所有社會福利及醫療照護。這事件充分顯現了她打抱不平與伸張社會正義的精神，贏得許多人的尊敬。

艾雯斯終其一生都未婚，將所有的精力都貢獻給科學和社會正義。自從一九六九年起，她便獨居在維吉尼亞州亞歷山大市的一個退休房舍中。一九七五年九月五日，因心臟病發作而不幸辭世，享年九十四歲，留給後人無限哀思。

美國微生物學會當年立即宣布授予艾雯斯永久榮譽會員；一九九三年，艾雯斯也被提名進入美國國家女性名人堂，成為歷史上永遠的典範。她一生勤奮工作與伸張正義的精神，永遠值得後人的緬懷與效法。

科學家小事典

愛麗斯・凱薩琳・艾雯絲

・提倡及推廣牛乳之巴氏滅菌，保障消費者的健康。

・鑑定特性的溶血性鏈球菌菌株超過四十六株。

(photo credit : US public domain image)

傑出的女性病理學家
——**露易斯 · 皮爾絲**

（Louise Pearce, 1885 ～ 1959）

「首先施用錐蟲砷胺治療非洲昏睡病以來至今20年，已經有超過50萬的非洲病患接受過此項治療。」

——洛克菲勒學院新聞報

非洲昏睡病是一種錐蟲引起的人畜共通疾病，這種寄生蟲藉由采采蠅吸血時而入侵體內。首先在血液、淋巴液和脊髓液內繁殖，之後穿透過血腦屏障進入腦部，導致昏睡不起而喪命。一九〇一年，烏干達爆發了一次嚴重的昏睡病大流行，死亡人數高達二十五萬人，當時年輕的邱吉爾（1874-1965）將烏干達形容為「美麗的死亡花園（beautiful garden of death）」。時至今日，此病仍流行於非洲中部和東部，即撒哈拉沙漠周遭地區的烏干達和剛果等地，目前估計大約五十至七十萬人口被感染，每年約造成四萬八千人死亡。除了人類外，許多家畜和野生動物也會感染此病，造成經濟上極大的損失。

露易斯・皮爾絲（Louise Pearce，以下簡稱皮爾絲）是一位研究非洲昏睡病並找出解方的傑出女性科學家，她曾親自到非洲昏睡病盛行的剛果地區，測試了由洛克菲勒研究院（現今的洛克菲勒大學）發展出來的一種藥物，不但治癒動物的感染，同時也證明了在人體上具有療效，因此榮膺「治癒非洲昏睡病之魔術子彈」的美名。此外，皮爾絲對梅毒的防治上也有重大的貢獻，她曾發展出梅毒的模式動物以供研究使用；另外她也發明了一種在兔子身上可以移植的布皮二氏瘤（Brown-Pearce tumor），是全世界在研究癌症上經常使用的重要工具。

求學生涯順利，成為醫生卻仍心繫研究

皮爾絲於一八八五年三月五日出生在美國麻州的溫切斯特（Winchester, Massachusetts）。父親查理斯（Charles Ellis Pearce）是一位菸草與雪茄商人，母親名叫蘇珊・霍依特（Susan Elizabeth Hoyt）。她還有一位弟弟羅伯，後來成為紐約的一位律師。有關她的幼年情形所知不多，文獻上僅記載她的家庭大約在一九〇〇年遷居到加州洛杉磯附近的一個農場，經濟情況還不錯。她在一九〇〇至一九〇三年間就讀洛杉磯市的一所女子學院，之後便進入史丹佛大學主修生理學與組織學，於一九〇七年獲得學士學位，這在當年女性教育不普及的情況下算是相當不錯的成就了。

皮爾絲畢業後回到麻州，在波士頓大學醫學院擔任組織學的助理工作，同時還兼任胚胎學的講師。一九〇八年她獲得費城賓州女子醫學院的獎學金，但是她婉拒了這個入學機會，因為她一心想進入聲望卓著的約翰霍普金斯大學醫學院就讀。她首先在波士頓大學進修了兩年，然後才得償夙願進入約翰霍普金斯大學。在學期間，皮爾絲主要跟隨一位著名的解剖學教授沙賓博士（Dr. Florence Sabin, 1871-1953）學習，她於一九一二年以全班第三名的成績獲得醫學士學位，並留在原校醫院中擔任實習醫生。

皮爾絲於一九一三年開始擔任約翰霍普金斯醫院內附設之菲利浦精神科診所的住院醫師。雖然在當時是人人稱羨的職位，尤其是對女性而言，但是皮爾絲並不快樂，她心中一直渴望能夠從事實驗室內的研究工作。

於是她寫了一封信給紐約市洛克菲勒學院的院長弗來克斯納博士（Dr. Simon Flexner, 1863-1946），希望能獲得一個專門從事研究的職位。弗來克斯納博士對於皮爾絲的學經歷印象深刻，同時正好該學院也希望能延攬一位女性研究員加入，於是皮爾絲便順利成為一位助理研究員，並且在弗來克斯納博士的指導下從事研究。

該學院當時有一位著名的感染學家布朗博士（Dr. Wade Hampton Brown, 1878-1942），他一輩子都在研究宿主對病原微生物的抵抗性與感受性。皮爾絲也對布朗博士的研究極感興趣，因此決定與他密切合作。他們設定目標，要用兔子來建立研究梅毒和非洲昏睡病的模式動物，因此皮爾絲首先便以非洲昏睡病作為研究主題。

初試啼聲一鳴驚人，深入研究非洲昏睡病

在當時，非洲昏睡病是威脅人類生命極大的一個傳染病，肆虐許多非洲國家。洛克

菲勒學院也致力於此疾病的研究，想要找出解決之道。而就在不久之前的一九一〇年，保羅・埃爾利希（Paul Ehrlich, 1854-1915）才剛發現了一種稱為撒爾佛散（Salvarsan）的含砷化學藥物用來治療梅毒，激發了許多研究人員致力於要找出各種治療人類疾病的化學藥物。皮爾絲接受弗萊克斯納博士之託，開始嘗試尋找治療非洲昏睡病的藥物。

一九一九年賈克伯（Walter Jacobs）和海德伯格（Michael Heidelberger）發現了稱為錐蟲砷胺（Tryparsamide）的化合物，經由皮爾絲與布朗博士在動物身上測試後，證實可以有效摧毀昏睡病的錐蟲。因此接下來的當務之急，就是在人類身上進行測試。剛巧次年剛果（時為比利時殖民地）爆發了一場嚴重的非洲昏睡病大流行感染，洛克菲勒學院原先計畫派布朗博士前往剛果去測試此新藥物的療效，但是布朗博士因家庭的因素而無意願。皮爾絲對於有機會到非洲現場去測試藥物療效有高度的興趣，於是她志願隻身前往，並於一九二〇年五月抵達剛果的雷保市（Leopoldville），即剛果現今的首都金夏沙市。

皮爾絲挑選了七十七位罹病於不同階段的病患，進行錐蟲砷胺療效的測試。她說：「從不同種類罹患錐蟲動物身上呈現出的結果令人振奮，促使了我們前往比屬剛果進行人體測試。」她仔細記錄了每一劑量的療效，並且親自觀察與記錄在數個星期內病患血液和神經系統中錐蟲數目的變化。結果顯示：

（一）血液與淋巴結中的錐蟲數目顯著下降；

（二）重症病人的腦脊髓液顯著改善並逐漸恢復正常；

（三）病患無論身體或精神上都有顯著改善。

這些結果在《科學》（Science）雜誌上發表之後，皮爾絲立刻聲名遠播成為國際知名人士，她的研究也受到比利時政府的高度重視，除了在一九二一年獲頒比利時古皇冠勳章（Ancient Order of the Crown）外，還入選為比利時熱帶醫學院會員。在一九二一至一九三九年間，她每年都赴歐洲參加各種科學界的活動，活躍在歐洲的舞臺上。

在非洲獲得成功後，皮爾絲返回美國，並被洛克菲勒學院升等為副研究員。事實上，她的成果足以勝任成為正研究員，然而時運不佳，美國正逢經濟大蕭條，洛克菲勒學院也因經費拮据，僅能給她副研究員的職位。這使得她在研究的自由度上受到很大的侷限，無法獨立於布朗博士之外擁有自己的研究領域。更不幸的是，這種情況一直沒有改善，直到她一九五一年退休時還是一位副研究員。然而皮爾絲並未因此而感到沮喪，仍鬥志高昂地持續探討錐蟲砷胺如何傳達到中樞神經系統來發揮功用，以及梅毒相關的研究主題。

一九二四年，皮爾絲又重返非洲進行大規模的藥物人體臨床實驗。她再次證實了錐蟲砷胺在人體上的確實療效，但同時也發現當治療嚴重病患而使用超高劑量藥物時，會造成視力受損甚至全盲。因此她向長官弗來克斯納博士請求終止這項冒險的高劑量藥物實驗，並開始治療那些因此受害的病患。她親自出面作為洛克菲勒學院的代表，在醫生進行臨床實驗時擔任連絡員，並曾在一九二六年擔任過非洲基督教傳教士國際大會的代表。一九三〇年，她出版了一本書《以錐蟲砷胺治療非洲昏睡病：回顧與評論》（The treatment of human trypanosomiasis with tryparsamide: A critical review），來總結她所有在非洲進行研究的結果。

從梅毒研究中研發布皮二氏瘤

從非洲回來後，皮爾絲接著與布朗博士合作研究梅毒，由於梅毒的病原菌會侵襲神經系統，在當時還不明瞭其原因，因此是一項極具挑戰的研究。他們首先決定要利用兔子發展出一個模式動物，然後才能在動物身上進行各項實驗與藥物測試。此外也由於錐蟲砷胺能夠穿透脊髓與腦部，因此或許可以用來治療梅毒對中樞神經系統的感染。

他們首先證實了錐蟲砷胺在動物身上有效，接著便對許多病人進行測試，發現此藥物確實可以殺死人類神經系統中的梅毒病原菌，如果再配合提高病人的體溫，則效果更為顯著。在抗生素還未發現之前，皮爾絲與布朗博士所提出的以錐蟲砷胺配合提高病人體溫的療法，一直是當時治療梅毒公認有效的療法。直到弗萊明（Alexander Fleming, 1881-1955）在一九二八年發現了人類史上第一個抗生素——青黴素，並於一九四三年正式商業化生產，對於治療細菌感染非常有效，當然也包括梅毒在內，才因而改變了梅毒的治療方式。

一九二二年，當布朗博士與皮爾絲觀察一隻感染梅毒的兔子時，他們發現到這隻兔子的陰囊上長了一種惡性腫瘤，此腫瘤可以移植到其他兔子身上生長並且迅速蔓延惡化。於是皮爾絲進行了一系列的研究，試圖找出為何這種腫瘤細胞可以移植與繁衍。她測試了許多因子，包括血液組成、季節、光照以及是否感染小兒麻痺症等。另外她還懷疑此種腫瘤可能與病毒有關，因此她與瑞佛斯博士（Dr. Thomas Rivers, 1887-1963）合作，要找出腫瘤中是否含有病毒。經過一系列仔細設計的實驗，皮爾絲終於證實因為兔子細胞感染了牛痘病毒而造成此腫瘤。

而這種被皮爾絲研究透澈的腫瘤，也因為能夠移植到其他兔子身上繁殖，而成為研究癌症的一種有力又方便的工具，並廣為世界各地研究人員所使用。為了紀念布朗博士與皮爾絲研究這種腫瘤的貢獻，因此後人將之稱為「布皮二氏瘤」。

建立兔子模式

一九三一年十一月，皮爾絲接受一位前往北京聯合醫學院研究梅毒的訪問教授之邀請，攜帶了一百二十五隻兔子到中國，進行一項比較西方與東方梅毒菌株感染的研究，並成功地證實一般人認為東方與西方的兩種梅毒菌株，其實是同一種梅毒菌株螺旋體在兩種兔子身上所造成的不同效應。在此期間正值日本入侵中國滿州，許多外國訪問學者都被送到上海以避戰禍，她的研究也因此受到阻礙，不得不提前於一九三二年五月返回美國。

從中國回來後，皮爾絲實驗室所飼養的兔子突然發生了嚴重的感染，許多兔子死於一種類似牛痘的疾病。於是她與其他科學家合作企圖找出原因，主要參與的研究人員是羅山（Paul Rosahn）、葛寧（Harry Greene）以及一位胡姓的學者（C.K. Hu）。他們很快便證實這是一種類似牛痘病毒所成的疾病，而這批兔子也成為研究牛痘的最佳模式動物。他們還仔細研究了有關牛痘在兔子身上造成的傳染病學、免疫反應以及對其他疾病的感受性。這些傑出的研究結果於一九三三年發表在當時頗負盛名的《實驗生物學與醫學學會彙刊》（Proceedings of the Society for Experimental Biology and Medicine）上，成為重要的醫學文獻。

一九三五年，洛克斐勒學院在新澤西州的普林斯頓建立一個新的研究中心，布朗博士與其研究群收到通知，必須將原先位於紐約市的實驗室，搬遷到該處一個設備完善的新建築物中，以便在更好的設施下照顧他們的兔子族群。布朗博士的主要興趣，在於探究動物的遺傳缺陷如何影響牠們罹患疾病，而他們實驗室所擁有的這批兔子具有一些遺傳上的特徵，包括痀僂狀的前掌、軟骨發育不全、超重的骨質密度以及早期衰老與死亡等。然而不巧，布朗博士就在此時突然罹患疾病，不得不縮減研究活動。這也影響到皮爾絲的後續研究計畫，使得她不得不提前結束。

一九四七年，皮爾絲醫師獲得一筆不錯的寫作經費，支付她三年的全額薪水以及直到退休的半薪，使她無後顧之憂地盡情將一生重要的研究成果與心得寫成學術論文發表。她從此寫作不斷，直到一九五九年去世為止。去世之後，她的助理瑪格莉特·當翰女士（Margaret Dunham）還替她完成了最後的兩篇學術論文的寫作與投稿，真可謂一生都貢獻給醫學研究，鞠躬盡瘁死而後已，令人感佩。

全力倡導女性教育權，提升女性學術地位

皮爾絲也積極參加許多有意義的社會活動，尤其是有關婦女與兒童權益方面的事務。她是女權運動的堅強支持者，並全力倡導女性接受教育。

從早期的一九二一到一九二八年間，她一直擔任紐約市婦女與兒童醫務學院的理事，這個學院是美國第一位女性醫師布萊克威爾（Elizabeth Blackwell, 1821-1910）所創立的全美國第一座專收女性的醫學院。她也是美國醫學女性學會的執行委員（1935-1936），同時還兼任該學會期刊的榮譽編輯委員。從一九三八至一九四六年間，皮爾絲擔任了國際大學女性聯盟獎助金委員會的委員，並榮任該聯盟的第二屆會長（1950-1953）。此外在一九四一至一九五九年間，她也擔任賓州女子醫學院的董事會委員。

從一九四〇至一九四四年，皮爾絲接受普林斯頓醫學院的邀請擔任該學院的理事，並於一九四六年起接掌該醫學院的院長一職，直到她於一九五一年退休為止。在她擔任普林斯頓醫學院院長時期，她舉辦了該學院的一百週年慶（1950），是當時醫學界的一

大盛事。一九四五至一九五一年間她還擔任美國大學女性聯盟的會長，積極推展女性在學術界的地位以及倡導女子接受教育。

皮爾絲醫師終生未曾結婚，有關她私人生活的記載非常有限，她將一切心力完全灌注在她心愛的研究與社會關懷上。但是她並非孤單的人，她結交了幾位非常密切的同性好友，並與她們共同生活，以及同為女性的權益而奮鬥。一九三五年她搬遷到新澤西州的斯克曼市（Skillmann, New Jersey）與二位密友——艾達・威麗（Ida A.R. Wylie, 1885-1959）和莎拉・約瑟芬・貝克（Sara Josephine Baker，1873-1945）共同生活。

威麗是來自英國的知名女作家，有許多影響後世的重要著作；而貝克則是美國公共衛生學的先驅。雖然沒有公開，但是許多友人都認為威麗與貝克是一對同性戀人。她們三人共同居住在威麗購置的崔維納農莊（Trevenna Farm）中，相互扶持也為共同的理想而奮鬥，偉大的心靈總是相互吸引的。貝克於一九二三年退休後一直專職主持家務，讓威麗與皮爾絲能心無旁騖地在事業上奮鬥，但是她們也常一同出遊與參加宴會，享受美好的人生。貝克於一九四五年最先去世，而皮爾絲和威麗則相繼在一九五九年過世。她們遺留的大部分產業，則以紀念皮爾絲的名義捐贈給賓州女子醫學院。

皮爾絲一生所獲得的榮耀很多，除了前述的比利時古皇冠勳章（1921）外，她還曾獲頒獎金一萬元的比利時國王李奧波德二世獎項（King Leopold II Prize, 1953）、皇家獅子勳章（Royal Order of the Lion, 1955）以及紐約市婦女與兒童醫務學院的布萊克威爾獎（1951）等。

另外她也被選為許多重要學會的會員，包括比利時熱帶醫學院（1921）、皇家熱帶醫學與衛生學會（1924）、美國社會衛生學會（1921-1941）、美國國家研究委員會（1931-1933）以及英國與愛爾蘭的病理學會（1932）等。除此而外，她也獲得許多學院頒授榮譽博士學位，包括威爾遜學院（Wilson College）、畢佛學院（Beaver College）、巴克涅爾學院（Bucknell College）、斯奇德莫爾學院（Skidmore College）以及她曾擔任過校長的賓州女子醫學院（Woman's Medical College of Pennsylvania）等。

洛克菲勒學院也一直以皮爾絲的研究成果為榮，例如一九五九年出刊的新聞報上就曾刊出如下敘述：「自從皮爾絲醫師首先施用錐蟲砷胺治療非洲昏睡病以來至今二十年，已經有超過五十萬的非洲病患接受過此項治療。」一九六五年，洛克菲勒學院的歷史學者寇納博士（Dr. George Corner）亦為文盛讚皮爾絲的成就：「開發出治療非洲昏睡病的藥物，是我們洛克菲勒學院在醫學上兩項最偉大的成就之一。」這項實至名歸的讚譽之詞，蓋棺論定了皮爾絲在人類感染疾病上的重要貢獻與地位。

科學家小事典

露易斯・皮爾絲

・前往剛果，進行錐蟲砷胺療效的測試。

・研發布皮二氏瘤。

(photo credit : US Public domain image)

研究腦膜炎的傑出女性學者
——莎拉・伊莉莎白・布蘭瀚

（Sara Elizabeth Branham, 1888 ～ 1962）

「當大戰結束時，我發現我已對細菌學陷入太深，再也無法自拔了。」

——莎拉・伊莉莎白・布蘭瀚

大腦與脊髓外面具有保護膜，這保護膜共由三層構造組成，由外而內分別為硬腦膜、蜘蛛膜與軟腦膜。如果腦膜產生發炎現象，則稱為腦膜炎。腦膜炎的成因很多，可因細菌、病毒和真菌等微生物感染或藥物而造成，其中以奈瑟氏腦炎球菌造成的腦膜炎最為常見，對人類的威脅也最大。在磺胺藥物與抗生素還未被發現之前，腦膜炎是威脅人類相當嚴重的一種感染性疾病，這是因為腦膜炎會影響大腦與脊髓的功能，嚴重者甚會致命。而許多大難不死的病人也往往會留下眼盲、耳聾和心智受損等後遺症。

莎拉・伊莉莎白・布蘭瀚（Sara Elizabeth Branham，以下簡稱布蘭瀚）是一位研究奈瑟氏腦膜炎球菌極為傑出的女性科學家，她不但是第一位將抗菌血清加以標準化，使其在研究上更臻完備的科學家，同時也發現磺胺藥物可以有效治療奈瑟氏球菌腦膜炎及其後續的相關感染。

自小展露天賦，求學與職涯順利

布蘭瀚於一八八八年七月二十五日出生於美國喬治亞州牛津鎮（Oxford, Georgia）的一個書香世家。她的母親與祖母都畢業於當時非常有名的威斯里安女子學院

（Wesleyan College），而他的祖父與外祖父也都任教於該女子學院。威斯里安女子學院創立於一八三一年，是美國早期招收女性學生的知名學院，屬於「小長春藤盟校」（Little Ivies）的創始成員學校。根據記載，布蘭瀚三歲時就顯現出她對生物學很有興趣與天分。一九〇四年，十六歲的布蘭瀚進入威斯里安學院求學，三年後取得生物學學士學位，一家三代都畢業於該校，成為佳話。

畢業後的十年間，她分別在三所女子學校擔任科學老師，並廣受學生喜愛。在教學過程中她逐漸發覺自己對醫學研究有高度的興趣，同時也找到了自己在未來生涯上的追求目標。

一九一七年，二十九歲的布蘭瀚來到科羅拉多大學一所細菌學實驗室擔任研究助理，兩年後取得該校動物學與化學的雙學士學位。由於當時正值第一次世界大戰，學校非常缺乏人力，布蘭瀚因此獲得在科羅拉多大學醫學院教授細菌學的機會，開啟以研究細菌學為職志的生涯。她曾說：「這是戰時，大多數的男人都進了陸軍、海軍或是空軍……，而我則在醫學院講授細菌學。當大戰結束時，我發現對細菌學已陷入太深，再也無法自拔了。」

為了追求細菌學知識上的精進，布蘭瀚於一九二〇年進入芝加哥大學研究所，在此求學期間，布蘭瀚擔任喬丹博士（Dr. Edwin O. Jordan, 1866-1936）的研究助理，一開始的研究主題是分離流行性感冒病毒。然而當時分離與培養病毒的技術尚未成熟，因此未能成功分離出流感病毒。

於是她轉而研究細菌性腸胃炎，致病細菌是一種沙門氏腸炎桿菌（*Salmonella enteritidis*），此細菌性腸胃炎在當時是最為常見的食物中毒疾病。她成功地證明了細菌培養濾液中含有毒性與抗原性，並發現這是因為細菌會分泌一種水溶性的抗原，及一種可與抗體反應的專一性碳水化合物到濾液中的緣故。她將這些成果整理出來，並發表了一篇相當受到重視的論文。由於她資歷與背景知識充足，因此不到一年的時間，就獲得細菌學碩士學位，三年後又順利榮獲博士學位。

布蘭瀚獲得博士學位後，立刻返回科羅拉多大學擔任講師，但不久又獲得道格拉斯史密斯基金會的博士後獎助金，因此她決定到芝加哥大學繼續研究醫學。一九二七年，就在她即將完成醫學學位之際，她獲得洛克菲勒大學醫學院的助理職位，跟隨貝恩瓊斯博士（Dr. Stanhope Bayne-Jones, 1888-1970）從事研究工作。到職不久，她便應美國公共衛生局（現改名為美國國家衛生院）指派進行一項研究腦膜炎的任務。

布蘭瀚從此就在國家衛生院擔任細菌學家，展開了她長達三十餘年的研究工作，直到一九五八年退休為止。期間她還曾在一九三二至一九三四年間利用教授休假的機會，重返芝加哥大學完成了她當年未竟的醫學學士學位，另外也從一九五二年起在華府的喬治華盛頓大學擔任預防醫學的講師。

研究腦膜炎球菌，成就受大眾肯定

在第一次世界大戰期間，細菌性腦膜炎是相當普遍的疾病。一九〇九年間，美國洛克菲勒醫學院的女醫師露易斯・皮爾絲（Louise Pearce, 1885-1959）曾專程到法國，向多普特醫師（Dr. Charles Dopter, 1873-1950）取得腦膜炎球菌的模式菌株。這種稱為奈瑟氏腦膜炎球菌（*Neisseria meningitidis*）的格蘭氏陰性細菌，非常難照顧。為了維持這株菌的活性，皮爾絲醫師每隔兩天就必須將其從舊的培養基重新接種到另一個新鮮的培養基上，稱之為「繼代培養」，然後利用活菌做出抗血清。當時注射抗血清是唯一治療細菌性腦膜炎的方法，然而治療效果並不佳。隨著大戰的結束，腦膜炎的流行突然趨緩，而與其相關的研究也就停了下來。

一九二〇年代，中國發生了一次嚴重的腦膜炎大流行，並在一九二七年傳到美國加州。美國國家衛生院於是召集科學家們，重新展開腦膜炎的研究，具有細菌專長的布蘭瀚也是其中之一。由於之前的菌株在實驗室中未持續更新培養，已經喪失抗原性，因此製出的抗血清幾乎完全無效。

所幸，英國的戈登（Dr. M.H. Gordon）和莫瑞（Dr. E.D.G. Murry）在實驗室中保留了一些乾燥的模式標準菌株，細菌在停止生長的環境下仍然具備原先的抗原性。因此布蘭瀚不得不專程到英國去取得菌株，然後用單價抗血清來鑑定所取得的每一株活菌確實具有抗原性。鑑定出的有效菌株仍然需要每隔兩天繼代培養一次，布蘭瀚憑著無比的耐心，默默做著這件例行工作。

隨著研究的進展，科學家對細菌性腦膜炎的了解逐漸明朗。他們發現戈登和莫瑞的一號和二號模式菌株無法用血清凝集的方法加以區別，同時二者細胞外層莢膜的多醣組成也是相同的，因此這二菌株便被重新編為第一群（Group I）。布蘭瀚發現九五％的流行性腦膜炎是由第一群菌株感染所造成，因此這群菌株就被公認為是流行性感染病原菌，並被改名歸類為A群；之後B群與C群也陸續被發現出來。

布蘭瀚接著利用天竺鼠和小鼠等實驗動物來研究腦膜炎球菌的致病性，她發現病原菌的致病性與此流行病的發生率有密切關係。她還證明了菌落（細菌細胞在固體培養基表面形成的細胞菌體）平滑的菌株（S菌株）和菌落粗糙的菌株（R菌株）的抗原性是不相同的，這是因為平滑菌株的細菌表面有一層莢膜的緣故，而具有莢膜構造的細菌則較具抵抗性。並且發現進行血清凝集實驗時，在攝氏三十七度下的專一性比在五十五度下來得高，因此她便著手研究如何改進血清凝集反應的靈敏度，這對鑑定從病人身上分離出的細菌之致病性幫助極大。

她還與另一位女醫師皮特曼（Dr. Margaret Pittman, 1910-1995）合作，發展出一套標準的血清效價定量方法，以便用來進行腦膜炎的血清治療。很難想像她在短短的時間內，便能有如此眾多的重大發現，她對研究工作的熱愛與投入可見一斑。

在磺胺藥物被發展出來之前，血清療法是治療細菌性腦膜炎的唯一方法。不久之後，科學家發明了可以殺死許多細菌的磺胺藥物，布蘭瀚也立刻嘗試用磺胺藥物來治療腦膜炎，並證實磺胺藥物對於治療細菌性的腦膜炎的表現相當優秀。一九三九年三月六日的《亞特蘭大憲法報》寫了一篇報導，以「她是殺死了數以百萬的殺手」，還稱她是一位「強大的微生物獵手」來讚譽布蘭瀚，她在研究腦膜炎領域的成就，已充分獲得大眾的肯定。

另外，弗萊明早在一九二八年發現了人類史上第一個抗生素——青黴素，可以有效殺死許多細菌。後來經過英美二國的通力合作與努力，在一九四三年終於將其商業化生產，大大地改變了人類治療細菌性感染疾病的方法。但是隨著各種抗生素的普遍使用，各類致病細菌也已逐漸產生抗藥性，包括奈瑟氏腦膜炎球菌在內，使得科學家們不得不持續尋找新的抗生素或治療藥物，人類與病原微生物之間的鬥爭真是永不止息。

布蘭瀚也研究過志賀氏痢疾桿菌（*Shigella dysenteriae*）所分泌的毒素。她利用猴子做實驗發現皮下或是靜脈注射此毒素，能導致典型的痢疾臨床症狀，但是此毒素與正常的猴子小腸黏膜接觸時則是完全無害的，這證實了當毒素通過小腸吸收時，會使其毒性喪失。她還利用輻射照射的方式降低毒素的毒性，但仍保留了其抗原性，做出所謂的「類毒素」疫苗，並利用實驗動物製造出抗血清，此抗血清可以保護早期感染的動物。然而之後卻發現此抗血清在治療病人時效果不佳，這是因為志賀氏痢疾桿菌的毒素與神經系統有非常高的親和性，事後注射抗血清無法逆轉其與神經細胞之結合，達到治療的效果。

除此而外，布蘭瀚也研究了另一株宋內志賀氏桿菌（*Shigella sonnei*）在不同培養期所表現出的抗原性。她發現此菌在第二生長期時所表現的抗原性最強，同時對小鼠的侵襲力也最強。另外她還研究了白喉桿菌（*Corynebacterium diphtheriae*）的毒素，並找到培養液中的另一個抗原因子。

研究與實務經驗扎實，受學術界尊崇

布蘭瀚最為學術界所推崇的，便是她在研究細菌性腦膜炎上的成就。除了眾多學術論文外，她也在許多專書或教科書上寫下許多關於腦膜炎球菌抗原性的經典文章。例如《美國公共衛生期刊》一九三五年的年度報告中，她便廣泛地討論了細菌性腦膜炎的實驗室診斷與菌種鑑定方法。另外也在一九四一年的美國公共衛生學會出版的書籍中寫了一章有關細菌性腦膜炎的綜論，並分別在一九四五年和一九六三年再版了三次。此外，她也是知名參考書籍《應用細菌學、血液學及寄生蟲學》（Practical bacteriology, hematology, and parasitology）第十版的作者之一。堅實的研究成績奠定了她在此領域受人尊崇的學術地位。

另外值得一提的是，布蘭瀚對於奈瑟氏球菌屬的分類有非常大的貢獻。細菌分類學的寶典——《伯杰氏細菌分類手冊》（Bergey's Manual of Systematic Bacteriology）的第六版和第七版中有關奈瑟氏球菌屬便是由布蘭瀚與莫瑞博士（Dr. E.G.D. Murray, 1890-

1964）所共同完成的。她也為《國際細菌命名與分類公報》提供了奈瑟氏腦膜炎球菌的參考菌株，並擔任國際奈瑟氏球菌科命名學會的祕書長。一九七四年學術界特別將不具致病性的卡他奈瑟氏球菌（*Neisseria catarrhalis*）獨立出來，成立了一個新屬和新種，並命名為卡他布蘭瀚氏菌（*Branhamella catarrhalis*），以表彰與紀念布蘭瀚在奈瑟氏球菌分類領域上的貢獻。但是現今此屬的唯一菌種，卡他布蘭瀚氏菌已被重新歸類為卡他莫瑞氏菌（*Moraxella catarrhalis*），而布蘭瀚氏屬也不再存在了。

熱愛研究，活躍於學術領域

布蘭瀚一生所獲得的榮耀非常多，除了科羅拉多大學的博士學位外，一九二四年她榮獲微生物界極為有名的立克次榮譽獎項（Howard Tayler Ricketts Prize）；一九四五年獲選美國名人錄；一九五〇年獲母校威斯里安女子學院傑出校友獎；一九五二年獲芝加哥大學校友會頒贈傑出服務獎；一九五九年獲頒美國女子醫學會年度風雲人物獎等。

布蘭瀚也非常活耀於許多學術界學會組織，她曾於一九一八至一九一九年間擔任女性化學家學會（Iota Sigma Pi）鎢協會（Tungsten Chapter）的會長；她是美國細菌學會

（現已更名為美國微生物學會）會員，多年來擔任該學會的理事，也於一九三七至一九三八年間擔任華盛頓分區會長；一九四六至一九四七年間擔任美國公共衛生學會的實驗室部門主席，也是該學會一九四七至一九五二年的理事；一九五三至一九五五年間擔任有名的Sigma Xi科學研究學會華府地區的會長；另外她還於一九三〇年和一九三六年擔任美國代表，分別參加在巴黎和倫敦舉行的國際微生物學會議；一九五〇年還代表美國，到中國重慶大學發表有關腦膜炎球菌的演講。

布蘭瀚是儀態優雅的女士，一生幸福美滿。她出生於一個重視女子教育的家庭，自幼受到良好的照顧與教育，並充分支持她在事業上的發展。成長之後，她也很重視自己的家庭與生活品質。例如家中有一個非常美麗的花園，本身也喜好文學和藝術。她常強調人類應該時常回顧過去，從其中得到啟發，並進而做出新的貢獻。

由於醉心於研究工作，直到一九四五年，時年五十七歲的布蘭瀚才與一位名叫菲利普·馬修的退休商人結婚。然而幸福的日子非常短暫，四年後馬修先生便去世了，而布蘭瀚也沒有再婚。一九六二年十一月六日，布蘭瀚博士因突發心臟病過世，死後安葬於家族在喬治亞州牛津鎮的墓園，享年七十四歲。

在布蘭瀚年輕時的年代，女性受高等教育是非常不容易的事，美國聯邦政府直到一九二〇年才全面授予女性投票權。儘管環境對女性非常不利，但是幸運地，布蘭瀚有著家人的支持，再加上她後天的努力與堅持對科學的熱愛，才使得她在公共衛生學領域立下如此眾多的貢獻與成就，使人們能夠享有更健康的生活。緬懷前人，布蘭瀚女士的事蹟真是令人感佩與懷念，而她所立下的良好典範，也值得所有的後人追隨和效法。

科學家小事典

莎拉・伊莉莎白・布蘭瀚

・發展血清效價定量方法，進行腦膜炎的血清治療。

・對奈瑟氏球菌屬的分類有極大貢獻。

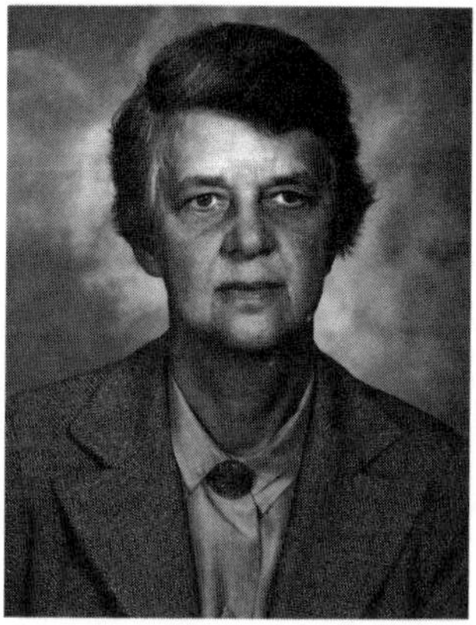

（photo credit : Public Domain Image）

鏈球菌分類與感染權威
——蕊貝卡・奎格希爾・蘭西菲爾德

（Rebecca Craighill Lancefield, 1895 ～ 1981）

「解出鏈球菌之謎的蘇格蘭場神探。」

——美國免疫學家學會

鏈球菌泛指一群排列成鏈狀的格蘭氏陽性球菌，由於其細胞繁殖時均沿著平行軸線分裂且不分離，因此形成一長串類似念珠的排列方式而得名。這類細菌的種類繁多，生理特性迥異，有的可造成人類蛀牙、嚴重感染甚或致命的疾病，但也有的則是製造美味乳品對人類健康有益的乳酸菌。

一般對於鏈球菌的分類，主要的是依靠它們對紅血球溶血的現象來區分為三種類型：

（一）α溶血菌——可將血紅素局部分解成綠色代謝物，類似膽汁的顏色，因此在含有羊血的培養基上生長時，細菌菌落四周會出現一圈綠色的半溶解環。

（二）β溶血菌——可將血紅素完全破壞，在含羊血的培養基上生長時，菌落周圍會出現一圈透明的溶血環。

（三）γ溶血菌則指的是不溶血菌，不會將血紅素破壞。

其中β溶血菌還可用一種蘭西菲爾德血清反應，將此類細菌細分為A到V（扣除I和J）等二十血清群。

女科學家蕊貝卡・奎格希爾・蘭西菲爾德（Rebecca Craighill Lancefield）就是發展出蘭西菲爾德血清反應的主要人物，這項技術促進了人類對於鏈球菌的了解。一些人類重要的鏈球菌疾病，諸如產褥熱、咽喉炎、心內膜炎、心包炎（心囊炎）、風溼熱、猩紅熱、肺炎、腎臟感染等，曾在歷史上造成人類重大傷亡，僥倖生存下來的人，往往還會留下終生的後遺症。因此找出致病的病原菌，並加以適當分類以便對症下藥，就成為人們對抗這些疾病的重要工作。

蕊貝卡・奎格希爾・蘭西菲爾德在這項人類對抗鏈球菌的戰爭中，做出了不朽的貢獻，她在洛克菲勒醫學院的實驗室，被暱稱為「解出鏈球菌之謎的蘇格蘭場」（註：蘇格蘭場是英國倫敦警察廳，類似美國的聯邦調查局，是專門解決懸疑難案的單位）。現今微生物教科書在論及鏈球菌時，都會介紹蘭西菲爾德血清反應，足以顯示其重要性。

求學路順遂，如願研究細菌學

蕊貝卡・奎格希爾（Rebecca Craighill）於一八九五年一月五日出生在美國紐約州史坦頓島（Stanten Island）的威德沃斯堡（Fort Wadsworth）。她的父親名叫威廉・艾德華・奎格希爾，先祖可追溯到一八〇〇年代由歐洲移民到新大陸維吉尼亞州的奎格希爾家族，他畢業於西點軍校，在陸軍工程部門擔任軍官。蕊貝卡的母親叫瑪麗・孟塔古

（Mary Montagu），是英國天花防疫先驅與知名文學家孟塔古夫人的直系子孫。

她自幼接受良好的教育，十七歲時進入衛斯理學院（Wellesley College）就讀，先是主修英國文學與法國文學，之後又改修動物學，於一九一六年獲得學士學位。畢業後到維蒙特州的一所女子寄宿學校，擔任物理地質學的教師。她對未來生涯非常有計畫，從年薪五百美元中省下兩百元做為未來繼續求學之需，然而不久後，她很幸運地得到一筆獎學金，得以進入哥倫比亞大學的師範學院就讀。

她對細菌學非常有興趣，但在師範學院中並沒有這個學科，於是她又轉到同校的醫師與外科學院，跟隨當時世界聞名的金瑟教授（Hans Zinsser, 1878-1940）攻讀碩士學位。在此，認識了唐諾・蘭西菲爾德（Donald Lancefield, 1893-1981），當時他們二人是遺傳學大師摩根（Thomas H. Morgan, 1866-1945, 諾貝爾獎得主）所開設的果蠅遺傳學課的同班同學。一九一八年，她雙喜臨門，不但獲得碩士學位，也成了蘭西菲爾德夫人。

這時正值第一次世界大戰期間，唐諾被徵召從軍，在衛生軍團擔任士兵，並派駐在洛克斐勒醫學院參加特別訓練課程，這門課由證明遺傳物質是ＤＮＡ的學者之一的艾弗里（Oswald Avery, 1877-1955）和製出猩紅熱抗毒血清及發現感冒病毒的杜契滋（Aphonse

Dochez, 1882-1964）擔任授課教師。蕊貝卡・蘭西菲爾德於是也申請到洛克斐勒醫學院，擔任艾弗里和杜契滋的研究助理，新婚夫婦幸運地能在同一實驗室共同工作。

著手研究鏈球菌，研發分類鑑定方法

在第一次世界大戰期間，鏈球菌感染是非常猖獗的流行性疾病，艾弗里和杜契滋二人是當時以研究鏈球菌而知名的學者。蕊貝卡・蘭西菲爾德（以下簡稱蘭西菲爾德）非常高興能加入他們的研究團隊，並以鏈球菌作為研究的對象。

正巧美國德州的一個軍營爆發嚴重的鏈球菌感染，她分派到的任務就是要鑑定出流行病菌種的血清類型。於是蘭西菲爾德與丈夫共同依循艾弗里發明的鑑定方法對這次流行病的菌種進行鑑定，並從此開始研究鏈球菌的生涯。一九一九年，她在當時著名的《實驗醫學期刊》上發表了一篇論文，敘述了她發現溶血鏈球菌的四種血清群。

一九一九年秋天，蘭西菲爾德轉到哥倫比亞大學梅茲博士（Dr. C.W. Metz, 1889-1975）的遺傳學實驗室擔任研究助理。她於此短暫地研究了果蠅的一些遺傳現象，並發表了三篇論文。一九二一年，蘭西菲爾德的丈夫唐諾獲得博士學位後，接受了他原籍家鄉奧勒岡州立大學的教職，於是蘭西菲爾德與唐諾便搬遷到奧勒岡州，並在該校教授細菌學。

由於第一次世界大戰剛結束不久，各大學都非常缺乏教授，唐諾在次年接受了哥倫比亞大學的教職。於是蘭西菲爾德夫婦又於一九二〇年返回紐約，唐諾加入了果蠅大師摩根所在的實驗動物學系，並在該系任教多年，直到他轉任紐約女王學院（Queens College）的動物系擔任系主任為止。蘭西菲爾德則進入哥倫比亞大學攻讀博士學位。

在攻讀博士學位期間，蘭西菲爾德的指導教授是史衛夫特博士（Dr. Homer Swift, 1881-1953），研究主題則是風濕熱。在當時許多人猜測風溼熱是由一種鏈球菌感染造成的，但是卻一直沒有人能成功的分離出致病的病原菌，更遑論將之接種到動物身上進行實驗。蘭西菲爾德的研究題目，就是將實驗室蒐集到的各種鏈球菌一一接種到實驗動物身上，看是否能使動物產生風濕熱的症狀。雖然身為哥倫比亞大學的研究生，但她大部分的實驗仍然是在洛克菲勒醫學院完成的。

經過多次測試，她終於發現 α 溶血的鏈球菌，包括一株綠色鏈球菌（*Streptococcus viridans*）不會造成實驗動物產生風濕熱的症狀，至於真正的風濕熱兇手，應是另有其他的病原菌。她將結果在《實驗醫學期刊》發表了兩篇論文，並成為博士論文的主要架構，並於一九二五年獲得博士學位，這在當時女性科學家中是非常難得的成就。

之後，蘭西菲爾德仍然回到洛克菲勒醫學院艾弗里實驗室，繼續研究其他鏈球菌。她認為要找出風濕熱之病原菌，應該針對其他可能致病的鏈球菌去做一些更深入的基礎研究。於是她開始探討β溶血鏈球菌的特性，尤其是其血清類型，所使用的技術是艾弗里實驗室先前發明的鑑定方法——血清沉澱反應（precipitation）。亦即將欲測試的抗原（細菌培養液）與抗血清（含有抗體的血清）在試管中加以混合，如果二者可以結合，便會形成肉眼可以觀察到的混濁沉澱物。

藉由沉澱反應，蘭西菲爾德發現她所研究的β溶血鏈球菌細胞表面有二類抗原，其中之一是一種稱為C物質的多醣類碳水化合物，這也是構成鏈球菌細胞壁的重要成分。基於這些多醣類組成與血清反應的差異，她進一步將其區分出從A到O等群，而最常導致人類疾病的產膿鏈球菌（*Streptococcus pyrogenes*）則歸屬於A群。進一步研究A群鏈球菌，她又發現了另一個重要的抗原，稱作M蛋白質。每一種不同的鏈球菌，所含的M蛋白質也不同，因此蘭西菲爾德又將A群鏈球菌細分出六十型。

於此同時，以發現肺炎鏈球菌轉形作用（transformation）而知名的葛瑞菲斯（Frederick Griffith, 1879-1941）在英國對鏈球菌的分類進行研究，他使用的方法是在玻片上進行血清凝集反應（agglutination）。蘭西菲爾德於是與葛菲斯交換心得，並互相將自己的菌株提供給對方，分別用己方的鑑定方法進行血清反應分析。

但當時正值第二次世界大戰，而葛瑞菲斯不幸於一九四一年死於倫敦大轟炸，未能得出具體的結果。蘭西菲爾德則持續蒐集與分析來自世界各地的鏈球菌株，並建立起完整的A群鏈球菌血清分類系統。時至今日，有關A群鏈球菌的分類，學術界仍然採用蘭西菲爾德所發現的M蛋白質來加以分類。

研究鏈球菌的致病性

蘭西菲爾德也對鏈球菌的致病性有興趣，她對M蛋白質做了深入的研究，發現M蛋白質可抑制白血球吞噬鏈球菌，是鏈球菌導致疾病的重要因子之一。這結果與艾弗里的實驗不一致，艾弗里認為鏈球菌的致病力是源自一種多醣類碳水化合物。但經她深入研究後，發現M蛋白質是引發宿主防禦性免疫反應的重要物質。但是在A群鏈球菌的不同菌種間，每種菌種所含有的M蛋白質也不相同，因此針對某菌種製造出的抗血清並無法保護宿主對抗其他的菌種。

到了一九五〇年代，蘭西菲爾德與帕曼博士（Dr. Gertrude Perlmann, 1912-1974）將M蛋白質純化出來，並發展出一套可以鑑定各種M蛋白質的技術。在A群鏈球菌中，除了M蛋白質外，她還另外發現了T和R二種抗原。

蘭西菲爾德也追蹤風濕熱病人的醫療紀錄，並發現一旦病人對某一血清型的病原菌有了免疫反應，此種免疫力可持續達三十年之久。而且即使病人血液中的抗原已經消失，但血液中的抗體效價（藥效強度）仍可維持在相當高的濃度。但是若病人被另一血清型的鏈球菌感染，則仍然會復發風濕熱。

在二十世紀初期，每年死於風濕熱的美國學童人數超過其他疾病的總和。到了一九三〇至一九四〇年代，雖然抗生素尚未問世，風濕熱的盛行率卻逐漸穩定下降，醫學界推測其主要原因是當時流行的病原菌侵襲力降低之故；但是在蘭西菲爾德實驗室從事研究的斐斯契提博士（Dr. Vincent A. Fischetti）所發展出的疫苗也居功一二。

時至今日，鏈球菌感染仍無法澈底清除，每年仍有許多病患深受風溼熱感染之苦。尤有甚者，罹患過鏈球菌感染病症之後，往往會留下免疫方面的後遺症。例如約有二〇%至三〇%的風濕熱病患癒後會產生一種稱為薛登漢氏舞蹈症（Sydenhams chorea）的後遺症，此症在中世紀也被稱為聖徒維特舞蹈症（St. Vitus dance），其特徵是臉部與手、腳出現不自主的快速肌肉抽搐，此後遺症可持續長達六個月之久。

除了A群鏈球菌外，蘭西菲爾德也研究了造成新生嬰兒腦膜炎的重要病原菌——B群鏈球菌。她除了澄清多醣類在此菌群上所扮演的致病角色外，也證實了表面蛋白質抗原在感染上的重要性。這種新生嬰兒的腦膜炎，不但是一九五〇年代感染率極高的重要傳染病，即使時至醫藥發達的今日，仍然是新生嬰兒的重大威脅之一。

學術生涯與貢獻

蘭西菲爾德一生的研究生涯，幾乎都在洛克菲勒醫學院度過。但在第二次世界大戰期間，她曾被借調到軍中，在美國軍方流行病委員會下附設的鏈球菌疾病委員會服務，並提供猩紅熱與風濕熱的血清給軍隊用於治療罹病的軍人。這個任務委員會當時被暱稱為「鏈球菌俱樂部」（Strep Club），因為蘭西菲爾德對此委員會貢獻良多，因此一九七七年又被改名為「蘭西菲爾德協會」（Lancefield Society），專門負責舉辦一年一度有關鏈球菌研究進展的國際研討會。

蘭西菲爾德於一九四六年和一九五八年在洛克菲勒醫學院分別升任副研究員與正研

究員，並於一九六五年退休。但是洛克菲勒醫學院非常尊崇她的學術成就和專業，因此又將她特聘為榮譽退休教授，她也退而不休地一直在原實驗室繼續研究，從未離開她此生最熱愛的研究崗位，仍每天仍從長島的家中開車到實驗室做實驗，直到生命的最後一天——一九八一年三月三日，享年八十六歲；她的夫婿唐諾亦在次年八月與世長辭。生物醫學界相繼喪失了二位偉大的研究學者，令人不勝唏噓。

蘭西菲爾德所處的時代，研究環境對於女性並不十分友善。她早期的研究成果並未受到太大重視，直到中年才逐漸嶄露頭角。她於一九四三年；也就是四十八歲時，擔任美國微生物學會會長，一九六一年被推選為美國免疫學家學會會長，一九七〇年更成為美國國家科學院院士。其他的榮耀事蹟還包括：瓊斯紀念獎（T. Duckett Jones Memorial Award, 1960）、美國心臟學會獎（1964）、紐約醫學學術獎章（1973）、《醫學期刊》研究成就獎（Journal of Medicine, 1973）、洛克菲勒大學榮譽博士（1973）、衛斯理學院榮譽博士（1976）以及皇家病理學院的榮譽院士（1976）等。

蘭西菲爾德除了研究工作外，也非常重視家庭生活；除非必要，她不會到處參加會議或發表演講。由於她在紐約市洛克菲勒醫學院的實驗室沒有空調，每逢暑假酷熱期間，她會與家人到北方麻州的伍茲霍爾（Woods Hole）度假放鬆身心，她與丈夫唐諾育有一女，全家人經常一同於此打網球和游泳，享受除了研究以外的快樂人生。

在二十一世紀的今日，鏈球菌仍然肆虐人間，尤其是A群鏈球菌造成的風濕熱對年輕的人影響巨大，除了心臟炎與多發性關節炎等急性症狀外，若未及時治療還會造成心瓣膜受損而閉鎖不全的後遺症。面對永不止息的微生物感染，人類還有持續努力的必要。緬懷蘭西菲爾德女士在鏈球菌研究領域上所做出的不朽貢獻，對於這樣一位傑出的女性科學家，我們致上最虔誠的敬意，她是研究工作者以及青年學子效法的典範。

科學家小事典

蕊貝卡・奎格希爾・蘭西菲爾德

・建立完整的A群鏈球菌血清分類系統。

・二戰期間美軍任務委員會因其貢獻更名「蘭西菲爾德協會」。

(photo credit : US Public Domain Image)

研究醣類代謝的一代宗師
——**葛蒂．科里**

（Gerty Theresa Radnitz Cori, 1896 ～ 1957）

「我深信藝術與科學是人類心靈中的榮耀。」

——葛蒂．科里

葛蒂・泰瑞莎・瑞德尼茲・科里（Gerty Theresa Radnitz Cori）是女性生物化學家，一生研究醣類代謝，其研究成果已成為今日教科書上的經典基礎知識。生物科學中的例外，往往更能闡述與定義何者是正常，經由她對肝醣貯存失調的研究，使我們對醣類代謝有了更深入的了解，以及知道如何對抗失調所造成的疾病。

她是第一位榮獲諾貝爾獎的美國女性科學家（1947生理醫學獎），在她之前只有兩位女性曾獲得諾貝爾獎：法國的居禮夫人（Marie Curie, 1903物理獎，1911化學獎）和居禮夫人的女兒伊蕾娜・居禮（Irène Joloit-Curie，1935化學獎）。

青少年時代展開對科學的興趣

葛蒂於一八九六年八月十五日出生在奧匈帝國布拉格（現今為捷克的首都）的一個猶太人家庭，她的父親奧圖・瑞德尼茲（Otto Radnitz）是製糖廠的經理，母親名叫瑪莎。是家中的長女，其下還有兩個妹妹，名為羅蒂和希爾妲。

家裡經濟情況中上，全家住在布拉格舒適的公寓中，並聘有家教負責教育三個女兒。葛蒂十歲時進入一所專為女子設立的學校，該校強調文化與社交能力的培養，並不重視科學和數學等課程。葛蒂十六歲時才開始對化學和醫學產生興趣，雖然沒有很好的根基，但是她有一位名叫羅伯特的叔叔在卡爾・費迪南大學（Karl Ferdinands Universität）擔任兒科教授，非常鼓勵她學習自然科學。

一九一二年夏天，葛蒂在奧國提洛爾地區度假時，遇見一位來自布拉格的高中拉丁文老師，於是葛蒂便跟隨這位老師學習一年的拉丁文，準備將來讀大學時參加入學考試之用。除了拉丁文之外，當時的大學入學考試還需要考文學、歷史、數學、物理以及化學等科目，葛蒂曾說：「這是我有生以來參加過最難的考試！」一九一四年當第一次世界大戰爆發時，葛蒂也終於通過大學入學考試，進入卡爾・費迪南大學就讀醫學。葛蒂感到非常驕傲與興奮，因為這是一所成立於一三四八年，在歐洲有非常悠久歷史和傳統的大學。這所大學有捷克和德國二個校區，葛蒂進入的是屬於德國的校區。

在修習解剖課時，葛蒂遇到一位名叫卡爾・斐迪南・科里（Carl Ferdinand Cori）的同學。美麗又青春洋溢的葛蒂，有著靈活的棕色眼睛、棕紅頭髮和纖細的身材，而卡爾則是一位高大，略帶羞澀的英俊男子。他們二人年紀相同，也都熱愛運動，諸如爬山、游泳、滑雪和網球等。兩人一見鍾情，但是他們都覺得應該先取得醫學學位，然後再談婚姻。由於戰爭持續進行，卡爾也被短暫徵召從軍，他先服務於奧匈帝國的雪橇隊，然後再轉到衛生部隊。服役期間還曾感染嚴重的傷寒，差一點送了命。一九二〇年，二人醫學院畢業之後便搬遷到維也納，並於八月五日共結連理。沒有學業羈絆的新婚科里夫婦非常快樂，他們盡情從事他們共同愛好的運動，尤其是攀爬冰川。

移民美國，展開研究生涯

其實在醫學院求學期間，葛蒂和卡爾便有著共同的研究興趣，他們曾研究過人類血清中的補體，這是血液中的一群蛋白質，能與抗體共同作用造成入侵微生物細胞的破損。二人也從此展開一輩子的合作研究，他們非常有默契並共同分享研究的甘苦，同時也共同發表論文。

隨著第一次世界大戰的結束，新成立的捷克斯洛伐克共和國急需醫師。卡爾・科里獲得一份在維也納大學的工作，一半時間在藥理學實驗室研究，一半時間在內科學系服務。而葛蒂・科里則在一九二〇至一九二二年期間，在維也納的卡羅琳娜兒童醫院（Karolinen Children's Hospital）從事醫療與研究工作。期間她注意到一些孩童由於甲狀腺的機能嚴重缺失，而導致一種稱為黏液水腫（又稱矮呆症）的遺傳疾病。先天性黏液水腫病患的大腦、神經、骨骼、肌肉等發育遲緩，因而出現呆小、聾啞、癱瘓等病徵。葛蒂・科里就此疾病發表了數篇關於此症甲狀腺與脾臟方面的論文。

一九二〇年代的歐洲，正經歷第一次世界大戰後的社會與經濟混亂，科里夫婦的日子過得並不順利，不但由於食物短缺，造成葛蒂・科里的營養不良，同時也極度缺乏研究經費和物資。他們覺得無法在歐洲再繼續熱愛的研究工作，而需要一個安定的研究環境，於是決定移民美國。一九二二年，卡爾・科里申請到美國水牛城紐約州立研究所（後來改名為羅斯威爾紀念研究所）的一個研究惡性疾病的職缺，而葛蒂・科里也在數個月之後加入該研究院擔任助理病理學家，直到一九二五年才成為正式的生化學家。

科里夫婦從未後悔移民美國，多年後葛蒂・科里回憶道：「美國生物化學方法的高度發展真是令人意外，研究所提供非常好的設備，同時也有選擇研究題目的完全自由。」葛蒂・科里是一位堅持又勤奮的研究學者，她依據在歐洲對黏液水腫病症的經驗，開始研究甲狀腺對體溫的影響。他們二人共同發表的第一篇英文論文，就是探討甲狀腺萃取液對原生動物草履蟲生長與繁殖的效應。

由於他們所在的研究單位以研究人類惡性疾病為主，因此他們二人也不得不展開癌症相關的研究，然而他們仍然設法找出一些時間去探索其他的領域。他們這段時間發表的論文非常廣泛，包括從X射線的生物效應到限制飲食的代謝活動等。然而有才華的人往往遭人忌，尤其當時對待女性研究人員更是不友善。

同僚開始批評他們夫婦二人合作研究的不當，研究所的所長甚至更威脅葛蒂・科里，如果她繼續與丈夫合作研究的話，就要解雇她。同僚還託辭二人合作會損及卡爾・科里的研究生涯，說什麼女性研究人員的參與會降低他的研究水準。然而科里夫婦並未被這些流言打倒，仍然保持合作研究的親密關係。

苦盡甘來聲譽日隆

當葛蒂・科里有一些正題以外的「自由」時間時，她開始研究人體內醣類的代謝現象。由於當時正處於醣類代謝研究的轉捩點，不到幾年的時光，科里夫婦對人體如何貯存與燃燒醣類的研究成果，便舉世聞名了。他們發表了非常多有關醣類代謝的論文，大幅促進了人類在醫學上的進展。一九二八年，科里夫婦同時歸化成為美國公民。

由於科里夫婦的名聲逐漸遠播，一九三一年，密蘇里州聖路易市的華盛頓大學醫學院給予卡爾一個轉換跑道的機會，邀請他擔任該校病理學系的系主任。該校有一個不成文的規定，即夫婦不得在同一學系任職，因此葛蒂・科里只得接受一個名義上是研究員，但實際上卻可有可無的職位，直到一九三八年她才成為藥學系的正式研究人員。

於此期間科里夫婦除了訓練本校學生外，也接受了許多世界各地的年輕科學家前來學習和交流。這些人中有五位在研究上有重要貢獻而榮獲諾貝爾獎，包括克里斯汀・德迪夫（Christian de Duve, 1974）、阿瑟・孔伯格（Arthur Kornberg, 1959）、盧伊斯・萊洛伊爾（Luis F. Leloir, 1970）、賽韋羅・奧喬亞（Severo Ochoa）以及厄爾・薩瑟蘭德（Earl Sutherland Jr., 1971）。由於科里實驗室研究成果豐碩，不久便成為國際上研究生物化學的重心，也是孕育諾貝爾獎的搖籃。

葛蒂・科里也不時對醫學院的同仁和學生演講，暢談她研究醣類代謝上的成果與心得。她的演講簡潔清晰，往往充滿了智慧的火花。一九四二年，她終於成為生物學與藥理學系的研究副教授，並於一九四七年在榮獲諾貝爾生理醫學獎後升等成正教授。

科里夫婦的重要發現與貢獻

一八五七年，克勞地・伯納德（Claude Bernard, 1813-1878）首先在肝臟中發現肝醣是一種由葡萄糖分子聚集形成的高分子聚合物，常存在於肝臟和肌肉中。在科里研究之前，人們普遍相信攝食大量碳水化合物後，消化後的醣類進入血液中，然後運送到肝臟並合成肝醣加以貯存。而當血糖降低時，肝醣便會水解成葡萄糖進入血液中成為血糖，且此水解反應不需要酵素的催化。因此一個正常健康的人，血糖含量是恆定的。

科里夫婦研究後發現，肝醣轉換成葡萄糖的過程需要一個稱作「磷酸化酶」（phosphorylase）之酵素的參與，反應後的產物是葡萄糖—1—磷酸（glucose-1-phosphate），並非單純的水解反應，產物也不是葡萄糖。這是人類首次發現葡萄糖—1—磷酸的存在，因此還被當時的科學家稱作「科里酯」（Cori ester）。他們接著發現葡萄糖代謝的許多複雜步驟，例如葡萄糖—1—磷酸會進一步被另一酵素「磷酸葡萄糖變位酶」（phosphoglucomutase）轉換成葡萄糖—6—磷酸。而葡萄糖—6—磷酸則可代謝成許多其他產物，每一個步驟都需要一個特定而且專一的酵素來進行催化反應。

他們的研究成果拓展對碳水化合物如何被人體利用、貯存以及代謝的了解，也改變了科學家對人體代謝的思維模式。這些研究成果，進而促進了後人發現生化代謝的核心途徑——糖解反應，亦稱之為恩布登—梅耶霍夫代謝途徑（Embden-Meyerhof pathway）。一九二二年，班廷（Sir Frederick Great Banting, 1891-1941）、貝斯特（Charles H. Best,

1899-1978）和麥克勞德（John James Rickard Maclead, 1876-1935），三人發現了胰島素，科里夫婦立刻針對這個新發現的荷爾蒙展開了研究。他們仔細測量了在胰島素影響下，動脈與靜脈血液中的糖分含量，發現胰島素可以降低血糖。僅花了不到兩年的時間，在一九二四年他們便釐清胰島素在醣類代謝上所扮演的重要角色。於此同時，還對腫瘤組織為何會需求大量的葡萄糖展開研究。

他們也研究了小腸對各種醣類的吸收速率，以及胰島素對肌肉與肝臟中醣類代謝的影響，包括乳酸和肝醣的含量。從這些研究中他們提出有關葡萄糖、肝醣和乳酸間的相關循環途徑，也就是現今廣為人知的「科里循環」（Cori cycle）。科里循環主要內容是闡述了血糖如何進入肌肉轉變成肝醣，肝醣經過肌肉細胞的代謝產生乳酸進入血液中，然後血液乳酸進入肝臟轉成肝醣貯存，最後則是肝臟肝醣如何轉變成葡萄糖進入血液中。葛蒂與卡爾二人的研究，拓展了人類對醣類代謝的了解，也建立起近代生物化學的基礎，成為現今生物化學教科書上的基本經典內容。

葛蒂・科里也從未忘懷她最初進入研究領域的最愛——兒科醫學。隨著研究經歷的增長，她逐漸轉回研究一種兒童肝醣貯積異常的遺傳疾病。肝醣是一種具有高度分支結構的大分子化合物，透過對肝醣代謝與相關酵素的研究，她發現肝醣貯積異常可分為二種類型，一種是肝醣過多造成，而另一種則是異常肝醣造成，二者都與一種調控肝醣代謝的酵素失常有關。這項研究對此疾病的起因，拓展了一項嶄新的研究領域，也對酵素的結構和功能有了另一番新的詮釋。

知名的生物化學家歐內斯特・斯塔林（Ernest Starling, 1905- ）曾說過：「今日的生理學，就是明日的醫學」，沒有比這句話更恰當的文字，能描述科里夫婦對醣類代謝研究和相關疾病所作出的貢獻。

突破性別限制，迎來獎項與榮耀

葛蒂・科里在初展開研究生涯時，雖然遭受到許多不公平的待遇，但是她並未灰心，仍然堅持對科學研究的熱愛，並勤奮工作，終於苦盡甘來。由於對科學的貢獻卓著，她一生中榮獲許多獎項。除了一九四七年的諾貝爾生理醫學獎外，她也是下列許多重要獎項的獲獎人：美國化學學會中西部獎（Midwest Award, 1946）、美國公共衛生學會拉斯克獎（Lasker Award, 1946）、施貴普獎（Squibb Award, 1947）、美國化學學會女性化學家加爾文—歐林獎章（Garvan-Olin Medal, 1948）、美國國家科學院糖類研究獎

（Sugar Research Prize, 1950）以及醫學院聯盟波登獎（Borden Award, 1951）等。

為了表彰葛蒂・科里在生物化學上的貢獻，許多知名大學也紛紛頒贈榮譽博士學位給她，例如波士頓大學（1948）、史密斯學院（1949）、耶魯大學（1951）、哥倫比亞大學（1954）以及羅徹斯特大學（1955）等。她也於一九四八年當選為美國國家科學院院士，並且參加許多專業學會，包括美國生理學學會、美國生物化學學會、哈維學會、美國化學學會以及西格瑪賽學會等。有趣的是，月球與金星上分別有隕石撞擊出來的坑洞用來紀念葛蒂・科里，而被命名為「科里隕石坑」（Cori crater）。

一九五二年，美國杜魯門總統任命葛蒂・科里為國家科學基金會諮詢委員，儘管她的健康狀況不佳，但她仍戮力以赴，經常前往華府參加會議，為科學界多盡一番心力。

扮演科學家、妻子與母親的角色

葛蒂・科里除了是一位傑出的科學家外，在家居生活上也是一位非常棒的妻子和母親，因為對她而言，這三種角色就是她人生的「三個冠冕」。即使每日的工作非常繁忙，葛蒂・科里永遠會抽出時間關懷周遭的朋友並樂於付出。在實驗室中，她對待孤單的外國學生也特別友善。葛蒂曾說：「正直的智慧、勇氣以及慈悲是我一生所崇尚的美德，但隨著年齡的增長，這三者的平衡逐漸有了偏斜，我認為慈悲更為重要了。」

科里夫婦的居所位於聖路易市城郊，屋子不大但是非常精緻，屋內充滿了花朵、書籍以及音樂，他們過著簡單的生活，偶而也加派對和音樂會。葛蒂喜愛巴哈、貝多芬以及莫札特的音樂，特別是貝多芬的歌劇《費德里奧》（Fidelio）中有關公理正義的一段吶喊，因為這正反映出她一生追求正義的信念。她也喜歡繪畫，尤其是杜勒、林布蘭以及印象派的作品。她曾道：「我深信藝術與科學是人類心靈中的榮耀。」他們夫婦也愛好園藝，朋友形容他們對植物的照顧就像研究工作一般地團隊合作，葛蒂偏愛花朵，而卡爾則偏愛蔬菜。

發現維他命K的諾貝爾獎得主愛德華・朵西（Edward Doisy）曾說：「科里夫婦具有天資，這是毫無疑問的。但是由於他們勤奮工作，才使天資得以開花結果造福人類。他們是優秀的美國人，超棒的夥伴，釣魚人到野外喜歡同行的夥伴。」由於一生奉獻給研究工作，葛蒂・科里直到四十歲時才生下她的第一個兒子。

葛蒂・科里在五十一歲攀爬科羅拉多州一座海拔三八一三公尺的高山時，發現她罹患罕見疾病「原發性骨髓纖維化症」，這是一種由於骨髓造血組織中膠原不斷增生，而其纖維組織嚴重地影響造血功能的疾病。她需要經常接受輸血，並忍受乏力、體重下降、食欲減退及腹部疼痛等症狀。但是她用堅強的意志力克服病症的種種不適，持續工作與日常生活。身體愈虛弱，她的勇氣愈強大，每日仍照常到實驗室工作。

在她生命的最後十年，由於病痛，不得不放下喜愛的網球拍、溜冰鞋以及登山裝備。一九五七年十月二十七日，葛蒂由於宿疾所引發的併發症而與世長辭，享年六十一歲，骨灰則安放在聖路易市。

夫婦合作無間，共同完成研究貢獻

葛蒂・科里與其夫婿卡爾的貢獻無法分割，他們二人的研究工作一直都是團隊合作所完成的。如果將他們二人分開，任何一人的貢獻或是二人的貢獻總和都不可能達到相同的成就。他們共同聯名發表了超過兩百篇的學術論文，二人在學術上的原創力、付出的心血與貢獻可說是難分軒輊。然而在他們所處的年代，社會大環境對女性研究人員仍然非常不友善，就如同其他大多數行業，女性所得到的關注與價值肯定遠低於男性。

葛蒂與卡爾同時畢業於同一所醫學院，學歷與能力相當，但是在求職路上葛蒂所遭受的待遇明顯不如她的夫婿，甚至屢屢受到刻意的打壓。如果不是他們二人共同獲得諾貝爾獎的肯定，葛蒂一生的貢獻很可能就會被夫婿卡爾的光環所掩蓋而無法彰顯了。我們認為葛蒂・卡爾算是非常幸運，她所嫁的夫婿是一位非常棒的丈夫與夥伴，不但全力支持她，而且不畏人言地去替她爭取該有的尊嚴。雖然時至今日女性的地位已經大有改善，但是不可否認，在科學界中性別上的差別待遇仍然存在，還有待關注與努力。

科學家小事典

葛蒂・科里

・提出醣類代謝的「科里循環」（Cori cycle）。

・獲一九四七年的諾貝爾生理醫學獎。

(photo credit : US Public Domain Image)

殺真菌抗生素「寧司泰定」的發現者
——**瑞秋．富勒．布朗**

（Rachel Fuller Brown, 1898 ～ 1980）

「如果你已經擁有了足夠，為何還貪圖更多？」
——瑞秋．富勒．布朗

人類發現的第一種抗生素是青黴素，主要用來治療細菌感染的疾病。然而人類也有許多疾病的感染是由真菌造成，因此對抗細菌的抗生素就無用武之地了。由於真菌的構成是一種真核細胞，與人類細胞相接近，因此要找到可毒殺真菌而對人類無副作用的抗生素，其困難度要比一般殺細菌的抗生素來得高。

寧司泰定（nystatin）是一種重要的殺真菌抗生素，除了可以治療常見的諸多真菌感染疾病外，也被用來處理發霉的古畫或藝術品。而在近代細胞學上，也常被用來探討胞噬作用和細胞膜離子通道方面的研究。

瑞秋・富勒・布朗（Rachel Fuller Braun）是醫學微生物學家，她與依麗莎白・哈珍（Elizabeth Hazen, 1888-1975）共同發現了第一種殺真菌的抗生素——寧司泰定而聞名。她們二人一生致力於科學研究工作，以促進人類福祉為目標，拒絕接受因發現寧司泰定申請專利而獲得的權利金，而將這些因銷售藥物獲利的權利金成立了一個布朗・哈珍基金會，資助醫學研究，尤其是女性科學家們。

此外這個基金會也提供許多獎學金，提供就讀醫學院的女學生。布朗博士的一生經歷，是一個美國人奮鬥成功的故事，充分說明了人類善良的一面，並且為我們帶來美好的新希望。

本生燈燃起對化學的興趣

瑞秋・富勒・布朗（以下簡稱布朗）於一八九八年十一月二十三日出生在美國麻州的春田市（Springfield, Massachusetts）。父親為喬治・漢彌爾頓・布朗，從事房地產與保險經紀人的工作，母親則是安妮・富勒。家中除了雙親之外，還有一位弟弟。幼年時，全家從春田市搬遷到密蘇里州的韋伯斯特格洛夫斯（Webster Groves）。由於小時候認識了一位名叫安德當克的退休教授，他曾在紐約州擔任過一所高中的校長，安德當克教授喜歡研究科學，曾教她如何使用顯微鏡，因此開啟了觀察微小生物的興趣。

布朗的家庭並不美滿，雙親在她十四歲時離婚。她的母親於是帶著孩子於一九一二年搬遷回春田市，肩負起教養孩子的重任。不久後，布朗進入高中就讀，她各科的成績都非常優異，但是這個高中並未開設化學與物理課程，僅有一門普通科學課程。由於一位叔叔送給她一個本生燈，可以加熱各種物質進行化學反應，於是瑞秋便在家中自行學習一些簡單的化學實驗。她的母親非常重視孩子的教育，除了努力工作獲取工資外，甚至不惜借貸來供應他們進入大學。

一九一六年，布朗順利進入位於春田市附近的曼荷蓮學院（Mount Holyoke

College），雖然因為她高中成績優異而獲得一筆獎學金，但是讀大學的花費非常昂貴，獎學金仍不足以支付所有的費用。幸好她母親一位富有的親戚看到布朗的潛力，願意資助她所有就學需要的費用。

由於布朗在高中沒有受過良好的科學訓練，因此起初選擇歷史作為主修學門，但是不久之後由於對化學產生濃厚興趣，就將化學作為共同主修。她曾說：「直到今日我還不是很肯定原因，但我就是喜歡化學，或許是因為它既有秩序又精準的緣故吧！」事實上她的決定是正確的，當時曼荷蓮學院的化學系是一個非常棒的學系，由知名的艾瑪·卡爾博士（Dr. Emma Carr, 1880-1972）擔任系主任。布朗於此充實地度過她的大學生涯，並於一九二〇年獲得歷史與化學雙學位。

布朗大學畢業之後，進入卡爾博士的母校——芝加哥大學就讀化學研究所。一方面攻讀學位，一方面在實驗室擔任研究助理，一年之後便獲得了有機化學的碩士學位。當時，中學教師是許多有碩士學位年輕女性的工作首選，對布朗而言，也不例外，她進入芝加哥的一所女子專科學院Frances Shimer School，並在此任教了三年的化學與物理。但是布朗並不以此為滿足，當她存夠了學費，便決定回到芝加哥大學繼續攻讀博士學位。

因緣際會，接觸肺炎球菌

重回芝加哥大學，她非常努力於學業，除了主修化學外，並輔修細菌學，在短短兩年間便將所有課程修畢。她的博士論文主題是探討肺炎球菌莢膜多醣物質的化學特性，並以此來鑑定各種肺炎球菌的亞型。但是不知何故，她的博士論文一直被校方拖延，而沒來得及口試。由於她先前存下的學費已經用罄，並且要照料母親與外祖母，於是只好先放棄學業，接受位於紐約州首府奧巴尼之「紐約州衛生部實驗室與資源局」的一份工作，擔任助理化學家一職。在魏德茲沃斯博士（Dr. Augustus B. Wadsworth, 1872-1954）指導下，發展出一個利用多醣物質來區別各種肺炎球菌亞型的獨特方法。

多年後，布朗在芝加哥的一個學術研討會上遇到以前修讀博士學位時的指導教授，除了相談敘舊外，還安排了她回到芝加哥大學進行最後的博士論文口試，布朗終於在一九三三年取得博士學位。

取得博士學位的布朗爾後四十二年一直在「紐約州衛生部實驗室與資源局」的職位上工作，並做出許多對人類有重要貢獻的成就。初時她主要的工作是針對醫生送來的病人傳染病檢體進行檢驗，鑑定出是何種病原微生物，然後再發展出疫苗、抗毒素和抗血清來對抗此疾病。由於那是還沒有抗生素的年代，因此對抗傳染病的主流方法便是用抗血清來治療病人。而當時最為肆虐的傳染病之一便是肺炎。

布朗在最初的十五年間，先是針對肺炎球菌的各種化學特性進行研究。她萃取出此種細菌的多醣物質，然後利用此多醣物質來鑑定出肺炎球菌的各種亞型。由於肺炎球菌有許多不同的亞型，彼此之間的致病性也有差異，因此鑑定出是哪一種亞型，在當時是一件很重要的工作。鑑定出亞型後，才能針對此種亞型細菌來發展出抗血清。

她一共研究了超過四十種亞型的肺炎球菌，並針對其抗血清進行標準化，以便提供給醫師作為治療病人之用。布朗在肺炎球菌抗血清的研究與治療上，有非常重大的貢獻，並於一九三六年升遷為副研究員。在工作崗位上，除了指定的任務外，布朗也有一些自由時間做她自己有興趣的題目。

發現抗真菌物質

一九四〇年代，人類史上第一種抗生素——青黴素問世。由於青黴素幾乎可以有效對抗所有類型的肺炎球菌，繁複的抗血清療法便逐漸遭到淘汰的命運。另一方面，自從青黴素誕生之後，許多針對細菌的抗生素諸如鏈黴素、氯黴素、四環素等也被陸續開發出來。雖然這些抗生素可以有效治療細菌性的感染疾病，但是卻對真菌的感染無能為力，更有甚者，使用了這些抗生素之後，由於細菌被消滅而失去拮抗（二種生物之間相互對抗與阻抑的現象）其他微生物的能力，反而助長了一些真菌的肆虐。例如常造成口腔、陰道、指甲、呼吸道以及皮膚感染的白色念珠菌（*Candida albicans*），在施用一般殺細菌抗生素治療之後更易滋生。

一九四〇年代末期，當時微生物學家的主流研究便是尋找新抗生素。魏德茲沃斯於是找來一位真菌學家依麗莎白・哈珍博士來與布朗合作。哈珍曾在哥倫比亞大學的醫學院研究過醫用真菌學，因此她開始蒐集各種病原真菌，以便用來作為篩選殺真菌的抗生素之用。由於土壤是各種微生物競爭與拮抗作用最激烈的環境，哈珍便試圖從土壤中分離各種放線菌，並檢測它們與病原真菌的拮抗現象。

經過許多努力，她終於發現一些具有潛力的放線菌。接下來的工作，便是將這些抗真菌物質從培養液中純化出來，而純化過程則需要化學專業。一九四八年，鑒於布朗的化學專長，新任主管道卓夫博士（Dr. Gilbert Dalldorf, 1900-1979）於是指派布朗與哈珍合作，她們二人日後輝煌的研究工作就此展開。

哈珍的實驗室位於紐約市，而布朗則在奧巴尼的實驗室工作，二者相距約三小時車程。哈珍主要的工作是從土壤中分菌，並測試其抗真菌活性，每當發現某些樣本具有活性時，則將培養液裝入玻璃罐中郵寄給布朗博士，以便進行純化工作。多虧當時美國郵政系統的高效率，使她們二人的分工合作得以順利進行。

開發新抗生素時，常會遇到幾種狀況：例如樣本有活性，但是純化後卻反失去了活性；或是純化成功後，卻發現前人已經先發現了；甚或是此新抗生素對人體有毒性或是嚴重副作用，而不能作為藥物。

因此開發一個新抗生素，需要無比的耐心和冗長反覆的實驗。尤其是當時的純化技術與設備遠不能與今日相比，例如現今常用的高效能液態層析儀（HPLC）是化學分析的利器，遲至一九七〇年代才被發明出來。

因此布朗需要用無比的耐心來刻苦工作，從培養液中純化出具有殺菌活性的物質。一旦純化出某一活性物質後，接下來要面臨的考驗則是動物實驗，若是此物質對實驗動物有毒性，就注定無法成為人類的藥物。

在她們二人經過無數次的實驗後，哈珍發現從來自維吉尼亞州一個農場的土壤中分出的兩株放線菌具有抗真菌活性，分別將之編號為42705與48240，之後並正式命名為諾氏放線菌（*Streptomyces noursei*）。而布朗也費盡千辛萬苦從樣本中純化出抗真菌物質，將之命名為殺真菌素（fungicidin）。她們二人當時並不知道，有另一個物質已經使用這個名稱了，另外她們也發現培養液中還有另外一個抗菌物質，但並沒有進一步將之純化出來。

布朗與哈珍在實驗動物身上測試此殺真菌素的療效，發現它可殺死許多真菌，且副作用很小，但是對細菌則無效。一九五〇年，她們將此成果在紐約州舉行的美國國家科學院會議中發表，立刻吸引了許多大藥廠的注意。藥廠意識到殺真菌素的商業價值與獲利潛力，紛紛表達願意合作開發的意願。

布朗與哈珍決定與施貴寶公司（E. R. Squibb and Sons）合作，由他們處理相關商業生產事宜。至於新抗生素的名稱則放棄之前的殺真菌素，而改稱寧司泰定（nystatin）（英文前三個字母擷取自紐約州 New York State 的第一個字母以示紀念她們實驗室的所在地）。這個藥物的商業產品於一九五四年上市，並於一九五七年六月二十五日取得美國專利，專利號碼為2,797,183。

寧司泰定是一個相當優異的抗真菌藥物，但在當時並不清楚其殺真菌的機制，後來經過許多科學家的研究才發現，寧司泰定的分子可與真菌細胞膜上的固醇物質結合，因而改變細胞膜的通透性，導致細胞質流失而造成死亡。目前這個藥劑可依使用部位做成許多劑型，如藥膏、粉劑、錠劑、栓劑或膠囊等，用來治療各種皮膚、口腔、陰道、消化道甚至全身性的真菌感染疾病。

取之於社會，用之於社會

寧司泰定經過實驗證明對人類無害，同時又能治療各種真菌感染疾病，可單獨使用或是與其他藥物合併使用。這是人類史上第一個針對真菌開發出來的抗生素，也是一個成功的商業產品。

從藥廠獲取的第一年專利權利金為美金十三萬五千元，之後在專利有效期間還可獲取高達一千三百萬美金的權利金。

布朗與哈珍都認為不應該將權利金收歸己有，與研發單位取得共識後，決定將所有的權利金都用在科學研究與教育上。其中半數金額由研發單位以發放研究計畫方式，供從事自然科學研究的學者來申請；另外一半金額則成立布朗與哈珍基金會，用來資助生物化學、免疫學以及微生物學的基礎研究，尤其強調支持她們任職的「紐約衛生部實驗室與資源局」研究人員的培訓。

布朗與哈珍之後仍然合作研究，又陸續發現了另外二種抗生素，亮黴素（phalamycin）與能黴素（capacidin）。

亮黴素是一種殺細菌的抗生素，是由同一株諾氏放線菌所分泌；而能黴素則是由另外一株放線菌製造，同時兼具殺真菌與殺細菌的功能。由於二者對實驗動物都有副作用，因此沒有進一步開發成治療用的藥物。

布朗一生中獲得許多榮耀與獎項，包括一九五五年施貴寶化學治療獎（Squibb Award in Chemotherapy）、三所學院的榮譽博士學位（Hobart College, William Smith College, Mount Holyoke College）、一九七五年由美國化學家學會頒發的化學先鋒獎（Chemical Pioneer Award），以及一九九四年入選美國國家發明家名人堂。

知足而奉獻，協助更多後輩從事研究

布朗是一位充滿愛心的女士，日常生活也不因在研究上有重大成就後而有所改變。她為母親與外祖母買了一幢寬敞又舒適的房子，供她們安居。在她的外祖母去世後，房間改裝成客房，提供給一位來自中國到紐約進修的年輕女性醫師居住。這次的經驗讓布朗感到非常滿意與有所收穫，因此在這位女醫生離開之後，空下來的房間又繼續讓另一位來自中國的女性研究人員入住。

自此之後，這間房子就成了來美國進修的中國學者之家，經常高朋滿座，許多離開的中國學者，也不時回來拜訪。例如一九五八年的復活節，布朗發現，居然同時有七位中國學者來此度假。她常說：「我非常喜歡他們來訪，一向如此。」尤其是每當有新出生的嬰兒加入這個大家庭時，更令她歡欣。

布朗博士也是奧巴尼聖公會教堂的虔誠信徒，多年來一直擔任教會主日學老師，雖然一生未婚，但是她卻擁有一個美滿的教會家庭。一九六八年，她從工作崗位上退休，仍然持續參與化學領域上的研究，直到一九八〇年一月十四日去世為止。

寧司泰定發明至今已有六十餘年的歷史，但是仍然被醫學界廣泛使用，治療各種真菌感染疾病，例如體癬、香港腳以及念珠菌感染等。也有人發現可有效防治植物的黴菌疾病，如荷蘭榆樹和香蕉等因黴菌感染造成的軟腐病，甚至還被藝術收藏家用來處理發霉的畫作。

布朗幼年家境清寒，但是她刻苦勵學，終於能在科學上有所成就。而在功成名就之際，卻不貪圖金錢，將她與哈珍的發明專利權利金全部捐獻給教育和科學研究。她曾說道：「如果你已經擁有了足夠（的財富），為何還貪圖更多？」這種無私的胸襟，令人感佩。

她也是一位知恩圖報的人，對於幫助過她的人永遠心存感激，並不吝將這種幫助年輕人的義行傳承下去。

儘管布朗在醫學上有如此重大的貢獻，但是她的成就似乎並沒有得到相對的肯定。例如她直到一九五一年，才被升等為副研究員，到退休時都沒再有任何的升遷。她與哈珍雖然很早就發明寧司泰定，也在一九五五年獲得施貴寶化學治療獎，但畢竟是私人藥廠頒發的獎項。

她的成就在多年後才正式被醫學界肯定，而直到一九九四年才被推薦為美國國家發明家名人堂的一員，此時距她去世已達十四年之久了。回顧以往，女性要在職場上獲得肯定，遠比男性來得艱困；時至今日，雖然性別上的差別待遇已有所改善，但是要做到真正的男女平權，還有待大家的努力。

科學家小事典

瑞秋・富勒・布朗

・與依麗莎白・哈珍研發出第一種抗真菌藥物「寧司泰定」。

・無私的將權利金捐出，資助相關基礎研究。

（photo credit : Public Domain Image）

生物製劑標準化及研究百日咳之先驅
——瑪格麗特 · 皮特曼

（Margaret Pittman, 1902 ～ 1995）

「匱乏能強化年輕人的天賦心智。」

——瑪格麗特・皮特曼

瑪格麗特・皮特曼（Margaret Pittman）是生物醫學的專家，她一生致力於研究疫苗的標準化，用來預防百日咳、霍亂、斑疹傷寒以及許多其他微生物傳染疾病。她對百日咳的成因以及病理發展有精闢的研究，增進人們對該病的了解與防治。她是美國國家衛生院的首位女性實驗室主管，同時也是世界衛生組織防治霍亂的首席顧問。

皮特曼家族最早於一六五三年從英國移民到美洲新大陸，瑪格麗特・皮特曼的父親名叫詹姆士（James Pittman），出生於一八七一年。雖然家境並不富有，但由於是家裡七個孩子中的長子，受到良好的栽培，曾就讀於阿肯色大學與聖路易學院，就學時，他半工半讀自己支付學費，後來成為一名醫生。母親維吉妮雅（Virginia Alice McCormick）於一八七一年出生在維吉尼亞州，是以發明收割機而知名的西拉・麥考密克（Cyrus Hall McCormick, 1809-1884）的遠親。維吉妮雅自幼跟隨父母輾轉遷居到Prairie Grove定居，由於父母早逝，僅靠著一間租書店和教鋼琴維生。她與詹姆士相遇相戀，兩人都是虔誠的基督教徒，於一八八九年共結連理。

瑪格麗特・皮特曼（以下簡稱為皮特曼）出生於一九〇二年一月二十日，底下有一個妹妹和一個弟弟，父母非常重視子女教育，孩子們長大後也都有自己的專業，妹妹海倫是一位公共衛生護士，之後改當老師；弟弟小詹姆士則是一位外科醫師。

八歲時，家庭搬遷到約二十六公里外的辛辛那提市，那時還是一個鄉下小鎮，父親詹姆士則是這個小地方唯一的醫生，無論日夜晴雨，只要病人需要便即刻前往診視，對於貧困的病患還往往不收取費用，是非常有愛心的醫生。皮特曼自幼便經常跟隨父親出診擔任助手，例如診治骨折病患時協助麻醉，或是在學童注射疫苗時擔任助手……這些經歷，埋下她日後成為醫師的種子。

顛簸的求學過程

皮特曼就讀的當地小學，非常簡陋，全校只有兩間教室，但她就是在此奠定了求學與邁向成功的基礎。父母親不僅認為孩子接受大學教育是起碼的要求，也非常重視家庭教育，因此在家中盡力教導與培育三個子女，全家人在夜間一盞昏黃燈光下，除了朗讀聖經之外，也經常閱讀各式文學作品。

高中畢業後，她進入辛辛那提市北方約十九公里處一所剛成立不久的學院，這所學院以培訓鋼琴演奏為主，由於需長時間練習演奏，因而造成背部脊椎的病痛，以至於她終生都受到背痛的困擾。由於病痛的緣故，加上對鋼琴演奏的興趣不高，她不久便放棄了學習音樂。

一九一九年，皮特曼的父親因切除盲腸，不幸引發腹膜炎而去世。在他去世之前，特別叮囑妻子要盡心培育三個子女，務必讓她們都能進入阿肯色州的漢德里克斯學院（Hendrix College），這是一所信譽卓著的衛理公會教派學院。皮特曼日後果然如願進入這所學院就讀，先主修數學，由於成績優異，榮獲該學院數學獎章，並獲邀擔任該校的代數課教師。之後她又改修生物學，於一九二三年畢業時獲得「極優等」（Magna Cum Laude）學位。

畢業後，皮特曼到阿肯色州的卡洛威女子學院（Academy of Galloway Female College）擔任教職，講授科學與西班牙語等課程，年薪只有九百美元。由於表現優異，一年後便被校方任命為該校校長，並調薪到一千兩百美元。但是求知若渴的她並不以此為滿足，工作兩年後，決定要到知名的芝加哥大學繼續讀研究所。

一九二五年，皮特曼進入芝加哥大學醫學院，在細菌學與衛生學系進修碩士學位。細菌學在當時是一門當紅的新興學科，該系由流行病學家約丹教授（Professor Edwin Oakes Jordan, 1866-1936）所創立。瑪格麗特的碩士論文主題是探討肺炎球菌及其致病機制，在佛克（Dr. Isidore S. Falk, 1899-1984）教授指導下，順利取得學位。

畢業後，皮特曼獲得一筆每個月七十五美元的獎學金，供她繼續在同校進修博士學位。她接受病理系的邵斯威克教授（Professor Mercy A. Southwick）的指導，並於一九二九年以一篇關於肺炎球菌感染病理學研究的論文獲得博士學位。此論文之後於一九三〇年，發表在當時最負盛名的細菌學期刊《Journal of Bacteriology》上。

否極泰來，至洛克菲勒展開研究生涯

在皮特曼畢業的前一年（1928），她便獲得洛克菲勒研究所（洛克菲勒大學之前身）柯爾教授（Dr. Rufus Cole, 1872-1966）所提供的一個博士後研究職位，因此她有機會與急性呼吸道感染部門的艾佛里（Oswald T. Avery Jr.）合作，艾佛里後來因發現ＤＮＡ為遺傳物質而獲諾貝爾獎。

皮特曼的研究主題是與流行性感冒有關的一些伺機性病原微生物，主要是流感嗜血桿菌（*Haemophilus influenzae*）。她很快便發現此菌與肺炎球菌一般，具有無莢膜的粗糙菌株（R菌株），以及有莢膜的光滑菌株（S菌株）二種類型。接下來，她將從病人檢體中分出的五百二十一株流感嗜血桿菌鑑定與區分為a、b、c、d、e以及一種無法分型等六種血清型。其中只有b型具有莢膜且最為優勢，並且擁有最強的致病力，而其他五型則無莢膜。從腦膜炎病人中分離出的流感嗜血桿菌通常都是b型菌株，而這些病人的血清中則含有b型抗體，具有醫療上的價值。這些研究成果於一九三一年刊出之後，立刻引起世人注目，而年方三十歲的瑪格莉特・皮特曼博士已揚名國際。

接著她成功地從罹患結膜炎的兒童身上分離出柯威氏桿菌（*Koch-Weeks bacillus*），發現此菌在半固態培養基上生長時，會長出毛絨絨有如彗星尾巴條狀的細小菌落，經過仔細研究之後，將其重新分類與命名為埃及嗜血桿菌（*H. aegyptius*）；而另外一株與流感密切相關的桿菌，在相同培養基上生長時，則產生較大且具有莢膜的菌落，因此被她分類為流感嗜血桿菌（*H. influenzae*）。她還發現埃及嗜血桿菌只出現在夏季炎熱季節，且只侷限在結膜炎患處；而流感嗜血桿菌則可出現在眼睛的任何部位。

由於皮特曼在流感嗜血桿菌上的深入研究與重要發現，她很快就成為此菌屬的專家，並獲邀擔任細菌學分類寶典——《伯基氏手冊》（Bergey's Manual of Determinative Bacteriology）有關流感嗜血桿菌屬的撰文者。在她的研究之下，過去分類地位不明確的埃及嗜血桿菌（*H. aegyptius*）被獨立出來成為一個新種，而錯誤放在此菌屬的百日咳桿菌（*H. pertusis*）也被重新劃歸到布氏桿菌屬（*Bordetella pertusis*）。

一九三四年美國經濟大蕭條來襲，由於經費縮減，皮特曼離開洛克斐勒研究所，接受了紐約州衛生局的職位，在此職位上共工作了一年半，工作內容則為準備實驗室檢驗之用的各種生物製劑。時間雖然短暫，但是卻深深影響了皮特曼之後在生物製劑標準化上的研究。美國生物製劑控制法案是在一九〇二年制訂的，其目的是要確保各種疫苗、生物毒素、抗毒素以及治療用血清的安全、純度和效價，如此才能有效地預防和治療各種疾病。當時制定和主管相關事務的單位是國家衛生院，但在一九七二年之後則轉由食品藥物署來負責和主管。

任職國家衛生院

一九三六年，皮特曼轉赴國家衛生院就職，於此她與先前在芝加哥大學求學時的一位師長莎拉・布蘭瀚教授共同合作。她們首要的任務，是建立起腦膜炎抗血清的效價測試。皮特曼於是針對腦膜炎球菌抗體設計了一個血清沉澱試驗，這個沉澱試驗之後還用來協助分離與鑑定流感嗜血桿菌和傷寒桿菌（*Salmonella typhi*）。接著她又開始利用這個血清沉澱反應來研究奈瑟氏腦炎球菌、百日咳桿菌以及流感嗜血桿菌，成功地建立起當時急需的各種血清抗體效價標準，如此在以血清治療疾病時才有了劑量標準。

在此時期，皮特曼還深入研究了輸液汙染與體溫發燒的關係。她發現每一毫升的蒸餾水中，如果含有六千個格蘭氏陰性細菌的菌落形成單位（colony forming unit,CFU），則可導致病患體溫的上升。因此之後所有的醫療注射液，例如蒸餾水、生理食鹽水和葡萄糖輸液，都必須加以檢驗，以確保病患的安全。

她發展出一種檢測法，將這些液體注射到兔子的腹腔，然後測量兔子的體溫是否會上升。這種利用活體生物來檢測注射液是否遭到汙染的方法使用了許多年，直到一九七〇年代才被一種稱為ＬＡＬ的測試法（鱟變形細胞溶解物測試法）所取代。鱟是一種被譽為活化石的海洋甲殼類生物，俗稱馬蹄蟹，其血清對海洋中的格蘭氏陰性細菌非常敏感，當微量細菌或細菌死亡崩解物存在時，則可使其血清立刻凝固，因此大大提升了檢測的敏感度與便利性。

皮特曼還與同僚合作發展出一種硫基乙酸鹽培養基（thioglycolate medium），這是種可以鑑定細菌生長時對氧氣需求度的培養基，之後被世界衛生組織用來檢定各種生物製劑是否被細菌汙染之用。另外，她也發現在培養基中常用來檢測氧化還原狀態的的亞甲藍（methylene blue）指示劑，會抑制某些細菌的生長，而這些細菌正是血液生物製劑中常見的汙染細菌。總之，她對血液相關產品的品質以及防止其被微生物汙染方面作了許多深入研究，為爾後生物製劑產品的標準化奠定了基礎。

參與疫苗標準化，為業界權威

在百日咳疫苗發展的初期，普強公司（Upjohn company）的諾頓博士（Dr. John F. Norton）發現小鼠的腦部也會被百日咳病菌所感染，但可用疫苗來防治。皮特曼於是和密西根州立實驗檢驗局的肯垂克博士（Dr. Pearl Kendrick）合作，研究如何將注入腦部的疫苗效價加以定量。

經過多次實驗，終於在一九四九年完成疫苗效價的標準化工作。她發現疫苗中的菌數或混濁度都是不可靠的，必須改以統計方式來評估疫苗的有效劑量（50% efficacy dosage, ED50）才能正確反應出疫苗的效價。皮特曼還發現，疫苗中使用的鋁佐劑會影響疫苗的毒性，同時測試使用的小鼠品系也是關鍵，這些都必須在進行疫苗效價定量時列入考量。她也對百日咳細菌分泌的毒素有興趣，發現其能與二磷酸腺苷核醣基轉移酶（ADP-ribosyltransferase）相結合，將核醣基轉移到目標蛋白質上，造成細胞的毒害。總之，皮特曼對百日咳疫苗的貢獻無與倫比。

一九五八年，皮特曼參與了一項國際生物製劑發展計畫，將黃熱病疫苗和霍亂疫苗制定規範。他們在一九五九年公布了霍亂疫苗的規範，與世界衛生組織的合作也隨即展開。皮特曼和位於東巴基斯坦的霍亂研究室來往密切，並在之後的五年中擔任美國國家衛生院的霍亂研究實驗室主管。她的主要興趣仍在將霍亂疫苗的效價加以標準化，她發現小鼠的效價分析結果同樣可以適用於人體的臨床分析試驗。於此同時，她也與世界衛生組織合作，測試傷寒疫苗效價並制定標準，她對於了解傷寒抗體變異區的抗原性，也有相當大的貢獻。

由於她的研究興趣廣泛，在此期間她還陸續研究了許多與疫苗相關的題目：包括研究嬰兒破傷風毒素，為爾後的類毒素疫苗譜下康莊大道；發展出在天竺鼠皮膚上進行結核菌素的定量分析法；研究炭疽病與氣性壞疽病疫苗等。

總之，皮特曼由於在生物製劑標準化的研究上有卓越貢獻，同時領導能力也備受肯定，因此於一九五七年起被任命為美國國家衛生院第一位女性實驗室主管，一直擔任生物製劑標準化實驗室的主任。另外在一九六七至一九七〇年間，她也在哈佛大學醫學院擔任客座講員。

退休後持續研究工作

一九七一年，七十歲的皮特曼從國家衛生院正式退休。但是她退休後，仍然有如正式員工般地持續研究工作，並肩負重責。她持續研究白喉毒素在病理上扮演的角色，她與英國革拉斯葛大學的沃德勞教授（A.C. Wardlaw）以及斯克萊德大學的佛曼教授（B.L. Furman）合作，確切證實了白喉毒素是一種外毒素，以及如何造成實驗動物的病理反應與引發免疫反應。這些發現大幅促進了人類對白喉疾病的了解與防治。

在她退休生涯中，皮特曼仍持續發表了超過二十篇的學術論文。這種熱愛研究與勤奮不倦的態度，不但令人感佩，也足為後世青年學子的表率。

皮特曼參加了許多美國國內的專業團體並擔任義務服務職責，包括：美國微生物學會（理事、榮譽會員）、美國微生物學會華盛頓支會（會長）、美國微生物學院院士（理事）、美國微生物學國家代表、華盛頓科學學會（委員會委員、會長）等。

她也積極參與國際與美國國內事務，提供她在生物製劑與疫苗相關事務上的專業服務。一九五〇年，她曾代表美國參加在巴西里約熱內盧舉辦的第五屆國際微生物學大會，一九五七年參在加巴黎國際兒童中心舉辦的百日咳研討會。她也是世界衛生組織於瑞士日內瓦舉辦的研習會重要成員，負責建立生物製劑的國際標準，並分別在一九五八年規劃了霍亂疫苗和黃熱病疫苗標準；一九五九年則規劃了生物製劑之無菌化。她擔任過許多國際組織和九個國家的客座顧問，一九六二年，她擔任世界衛生組織制定百日咳疫苗標準化大會的顧問，負責建立世界衛生組織對生物製劑產品標準化與無菌化的規範；以及國家衛生院的霍亂諮詢委員。另外，她也擔任巴基斯坦、埃及、西班牙與南亞盟約組織的霍亂專家顧問。一九六三年，她還受國家衛生院委託，召集與主持美國百日咳疫苗大會。除此而外，她也是美國軍隊流行病學的諮詢委員，以及美國製藥界無菌測試與標準作業顧問和生物指標顧問。

由於皮特曼積極參與國際事務並著有貢獻，她一生中獲頒了許多榮譽獎項。包括列名美國科學名人錄（1936）、漢德里克斯學院頒授榮譽法學博士（1954）、美國名人錄（1960）、美國國家衛生院優秀服務獎章（1963）、美國國家衛生院教育服務委員會傑出服務獎章（1967）、美國聯邦婦女獎（1970）、芝加哥大學校友會專業成就獎（1973）以及ΣΔΕ學會（女性科學研究生學會）之榮譽會員（1974）等。

興趣廣泛，熱愛旅遊

皮特曼是旅遊愛好者，她經常藉參加國際會議處理公務之途拓展行程。例如當參加亞洲霍亂防治會議時，她會順途參訪附近國家或地區，如曼谷、臺灣、加爾各答、孟買和菲律賓等地。一九五〇年參加在巴西里約熱內盧舉辦的國際微生物學會議時，順道參訪旅遊了南美洲大部分的國家。當到伊朗處理公務結束後，她也順道旅遊了德黑蘭、依斯法罕（Isfahan）、設拉子（Shiraz）等地，甚至到了一般遊客較少拜訪的阿巴丹（Abadan）地區，以及古埃蘭楔形文字發源地蘇山（Sushan）等地。

她也是一位虔誠的教徒，憑藉著過人的精力與熱忱，積極參與教會的各種活動。她是華府聯合衛理公會教堂的忠實信徒，一度擔任該教堂的財務部主席，成功地募款填補了之前欠下的許多債務，另外也擔任過牧師教區關係委員會的信託部委員等職。

瑪格麗特・皮特曼是一位心胸廣大的女性科學家，除了在醫學專業方面作出許多不朽的貢獻造福了無數人類外，在各種不同的文化和宗教方面也有著過人的興趣與熱忱。她一生中從未要求過加薪或升職，所有的成就與榮譽都是她一步一腳印、踏踏實實所獲得的。身為美國國家衛生院的第一位女性主管，她經常稱讚屬下的團隊精神，並不吝於讚賞他們的優異表現。一生未婚，將所有的精力都貢獻給工作，過著充實又美滿的人生。皮特曼博士於一九九五年過世，享壽九十四歲，安葬在故鄉阿肯色州的Prairie Grove墓園。對於這樣一位人類的典範，我們致上最高的敬意與懷念，也冀望年輕學子能從她的遺風中獲得啟發。

科學家小事典

瑪格麗特・皮特曼

・流感嗜血桿菌菌屬的專家。

・參與百日咳、黃熱病和霍亂等疫苗研發，是國際重要生物製劑與疫苗顧問。

(photo credit : Public Domain Image)

新生嬰兒亞培格量表之母
——維吉妮雅 · 亞培格

（Virginia Apgar, 1909 ～ 1974）

「女性自從出生那一刻開始，便已獲得解放。」
——維吉妮雅・亞培格

許多新生嬰兒的父母，都曾在醫院聽過醫護人員提及他們的嬰兒亞培格量表分數（Apgar Score）為幾分。這個亞培格量表分數，是針對新生嬰兒出生時健康狀況所做的一種快速評估，如果分數過低就需要馬上加以急救或是特別處置。在早期尚未發展出亞培格量表制度時，許多嬰兒出生時若沒有呼吸、體重過低、活動力弱或是畸形胎，往往就放棄治療而任其死亡。因此這個量表對於評估新生嬰兒是否健康，以及是否要加以急救是非常重要的，它也大幅提高了新生嬰兒的存活率。這個重要的量表是一位麻醉科醫師，也就是本文的主角維吉妮雅・亞培格在一九五三年所發明的。

從小接觸科學，立志習醫

維吉妮雅・亞培格（Virginia Apgar，以下簡稱亞培格）於一九〇九年六月七日出生在美國新澤西州的韋斯特菲爾德鎮（Westfield, New Jersey），父親叫做查理（Charles Emory Apgar），母親名為海倫・克拉克（Helen Clarke）。查理在保險公司擔任業務員，是一位成功的商人，也是一名業餘科學家。他有許多嗜好，不但將家中的地下室改裝成一個實驗室，從事所愛好的無線電研究，還自行製造了一具天文望遠鏡，用來觀測星象。他不遺餘力地研究天文，曾在加拿大的皇家天文學會期刊上發表了數篇學術論文。一九一五年，他成立了一所私人無線電臺W2MN。在第一次世界大戰期間，查理也協助戰爭部，截聽與破解德國透過中立船隻傳送給德軍潛艇的密碼。

亞培格出生在這樣的家庭中，培養出對科學的好奇心與愛好自不在話下。她自幼沒有得過重病，也從未見過任何女醫師，但是她的哥哥在三歲時因罹患肺結核而病逝，另一名弟弟也因患濕疹而必須時常往返醫院就診。這些經驗使得她在一九二五年高中畢業後，便下定習醫的決心。

亞培格在一九二五年進入麻州曼荷蓮學院（Mount Holyoke College）繼續學業，主修動物學。她是一位非常努力的學生，為了貼補學費與開銷，不但在學校的圖書館打工，也在動物系的一個實驗室兼任助理工作。除此而外，她也積極參與社團活動，打網球、替校刊撰寫文章、參加學校的交響樂團與戲劇演出等。

一九二九年畢業後，她進入哥倫比亞大學的醫學院繼續學業，並獲得一些微薄的獎學金補助。為了支付學費與生活費，她不得不向親友借貸。然而當年十月的股市大崩盤，導致美國進入經濟大蕭條，每個人都經歷艱困的局面，包括亞培格家族。儘管如此，亞培格仍設法度過困難，於一九三三年以全班第四名的成績畢業，並獲選為Alpha

Omega Alpha醫學榮譽社團的會員，附帶的是欠了四千美元的債務。

走入麻醉學領域

亞培格起初對外科很感興趣，並得到一筆獎助金可以到哥倫比亞大學醫院外科實習，一切非常順利地朝向外科醫師的目標前進。但是當時紐約有足夠的外科醫師，卻缺乏麻醉醫師，因此外科部主任威波醫師（Dr. Alan Whipple）建議她，投入麻醉學這個醫學新興領域的學科，作為職涯的選擇。另外一個原因則是，威波主任還要培訓另外四位沒有獲得獎學金的女性外科醫師。說起來，威波主任算是一位有遠見的人，因為他了解到如無麻醉學的配合，外科學不可能有更進一步的進展；尤其是他認為亞培格是一位聰穎又有潛力的人才，可在麻醉學這個領域有所成就。

自從一八八〇年代以來，外科醫師執行手術時，麻醉病人的工作一直都是由女性護士來執行，或許這也是威波主任認為女性較適合在麻醉領域發展的原因之一。總之，亞培格接受了威波主任的建議，並開始尋求接受正式訓練成為麻醉醫師的機會。她寫信給美國及加拿大麻醉學會，請他們提供可能培訓機構的名單。

然而亞培格走入麻醉學的道路並不平順，歷經許多顛簸才峰迴路轉。她在一九三五年結束外科實習後，仍在哥倫比亞大學醫院停留了一陣子，以便從麻醉護士處吸取經驗，還參加了醫院培訓麻醉護士的訓練課程。直到一九三七年一月，她才有機會到威斯康辛大學的華特醫師（Dr. Ralph Waters, 1887-1979）處接受正式訓練，華特醫師當時是美國第一個也是最重要的正式麻醉部門主任。然而在一九三〇年代，女性醫師的工作環境非常不理想，尤其是值班與住宿問題嚴重困擾著亞培格，短短的六個月內，她就搬了三次家。時間雖短，但是她仍然學到許多有關麻醉的專業知識。

當年七月，亞培格回到紐約市，進入貝莉芙醫院（Bellevue Hospital）跟隨羅文斯坦醫師（Dr. Ernest Rovenstine）學習麻醉，但是同樣的，她仍然面臨擾人的住宿問題。她不得不住進醫院內給打掃清潔女工的宿舍，因此與其他男性醫師有許多的隔閡。她曾在日記上如此寫道：「會議還算不錯，但是只有男性才能參加聚餐，簡直氣瘋了！」

如此歷經六個月，一九三八年受夠了的亞培格終於回到熟悉的哥倫比亞大學醫院，成為該院的麻醉主管，並擔任長老教會醫院的麻醉科主治醫師。她首先要克服的困難，便是說服醫師加入她的麻醉團隊，因為在當時大家都認為麻醉是護士的工作。其次便是剛爆發的第二次世界大戰，許多男性醫師都加入軍隊，使得醫院的人力不足，遑論找醫師加入麻醉行列。一直到一九四〇年八月間，整個麻醉部門都只有亞培格醫師一人獨撐大局。另外，在開刀房內，外科醫師也非常排斥麻醉醫師，因為以往都是由外科醫師監管麻醉護士，對麻醉工作發號施令慣了，而不願見到一位與他們平等地位的醫師來共事。對醫院而言，以往由外科醫師監管麻醉，也可以省下支付麻醉醫師的額外費用。可想而知，亞培格所要克服的困難是如何的艱鉅。

總之，她歷盡艱難，費時十年才將這些問題一一克服，終於在一九四九年於哥倫比亞大學醫院成立了正式的麻醉部門。然而諷刺的是，亞培格並未被任命為這個麻醉部門的主管，而改派一位研究經驗較資深的派普醫師（Dr. Emmanuel Papper）擔任，亞培格醫師則派任為該部門的教授。雖然這項任命跌破大家的眼鏡，但是塞翁失馬，也讓亞培格徹底擺脫了煩人的行政工作。她有更多的時間可以專心在研究工作上，之後才能在麻醉與兒科上作出重大而不朽的貢獻。

設計亞培格量表，關注新生兒健康

在亞培格之前的年代，新生嬰兒通常直接由產房送入育嬰室，並無任何的健康檢查與評估，除非嬰兒已處於病危緊急狀態。至於哪些情況下必須加以緊急處置或急救，並無一定的標準，全憑醫護人員的經驗。甚至一些嬰兒出生時若沒有呼吸、體重過低、活動力弱或是畸形胎，往往就放棄治療而任其死亡。

亞培格量表

評分項目	2分	1分	0分
外觀（Apperance）（膚色）	全身通紅	四肢發紺	全身呈現缺氧之黑紫色
脈搏（Pulse）（心跳）	每分鐘大於一百下	每分鐘小於一百下	沒有心跳
作鬼臉（Grimace）（反射）	抽取口鼻羊水時，哭鬧有活力	抽取口鼻羊水時，只有臉部有反應	抽取口鼻羊水時，完全沒有反應
活動力（Activity）（肌肉張力）	四肢有良好活動力	四肢只能微弱彎曲	沒有活動力
呼吸（Respiration）	呼吸很好，哭聲宏亮	呼吸微弱，哭聲細微	沒有呼吸

亞培格觀察到這個現象後，覺得應該訂出一個統一的標準，才不會使許多本可救活的嬰兒冤枉的喪失急救機會。於是她設計了一套評估系統，即觀察嬰兒外觀（Apperance）或膚色、脈搏（Pulse）或心跳、作鬼臉（Grimace）或反射、活動力（Activity）或肌肉張力、以及呼吸（Respiration）等五種現象，分別給予二分、一分或〇分的分數。通常在嬰兒出生後一分鐘及五分鐘時進行評估。分數愈高代表嬰兒愈健康，反之，如分數太低就必須加以急救。例如三分以下表示情況危殆，四至六分為頗低，七至十分則為正常。這五種現象的英文第一個字母分別為A、P、G、A、R，巧妙地吻合了亞培格的英文姓氏 Apgar 以便於記憶，因此也就被稱為亞培格量表。

亞培格量表首次發表在一九五二年的美國麻醉學會年會上，並於一九五三年正式出版論文，如其他新發明一般，剛開始總是會引起一些少數人的排斥。但是隨著時間的發展，亞培格量表愈發顯現出其優越性，沒有多久就被世人完全接受了。現在新生嬰兒之亞培格量表評估已成為醫院必備的常態程序，也大幅提高新生嬰兒的存活率。其中嬰兒出生五分鐘後所評估出來的分數，與其日後存活率及神經發育是否正常有密切關連。

亞培格接著開始研究母親施用麻醉後與嬰兒體質酸鹼度的關係，她與一位來自紐西蘭的詹姆士醫師（Dr. L. Stanly James, 1925-1994）合作，同時參加的還有一位在約翰霍普金斯大學從事研究的霍勒岱麻醉科醫師（Dr. Duncan Holaday）。霍勒岱發明了一個測量麻醉劑環丙烷時，洗去殘留氮的技術，然後利用一個微氣體分析儀來測量血液中的氣體成分，同時還發明一個測量血液酸鹼值的更好方法。有了這些同伴的幫助，亞培格發現低血氧和酸毒症的嬰兒測出的亞培格量表分數也較低，因此這些嬰兒必須加以治療，而非以往認為這是正常現象。

此外，她與詹姆士醫師也是首次利用導管插入臍帶血管，測量嬰兒出生後臍帶靜脈血壓變化的科學家。他們二人還針對許多常使用的麻藥，檢測其對於母親與兒童的影響，發現環丙烷比其他麻醉劑更易導致病患的憂鬱，而應避免使用在婦科與兒科上。此項發現，使環丙烷的使用量大幅下降，保障了病患的安全。

切入公共衛生領域，救助更多人

亞培格經歷多年的研究工作後，發現統計對於研究結果的分析非常重要，因此她決定離開哥倫比亞大學，到約翰霍普金斯大學去進修，除了學習統計學之外，還於一九五九年獲得了公共衛生的碩士學位。

同年，她受邀擔任「國家基金會」（National Foundations）先天缺陷部門的資深執行委員，此基金會之前身，是由羅斯福總統所成立「為十美分奔走基金會」（March of Dimes）的非營利組織，專門為罹患小兒麻痺症的兒童募集研究基金。在此工作崗位上，亞培格除了持續研究工作外，每年還要奔走數千公里到處應邀演講呼籲，以及書寫科普文章，使社會大眾開始重視兒童先天缺陷的問題，並為基金會募集到許多資金來支持研究。一九六七年，她成為此基金會研究部門的主管兼副總裁，直到一九七四年去世為止。

在一九六四至一九六五年德國痲疹大流行期間，美國共發生了一千兩百萬的病例。德國痲疹是一種人類非常普遍的傳染性疾病，由於會損及胎兒的發育，生出畸形嬰兒，因此懷孕婦女應特別留意。而這次美國的大流行共造成一萬一千例的流產，以及出生了約兩萬個有先天缺陷的嬰兒。在這兩萬個先天缺陷嬰兒中，兩千一百人死於嬰兒期，一萬兩千人聾啞，三千五百八十人眼盲，以及一千八百人心智發育遲緩。基於嬰兒疾病專家的身分，亞培格因此站出來大聲呼籲民眾普遍接受預防注射，以阻斷母子間的垂直感染，尤其育齡婦女更應該事先注射疫苗。

一九七二年，亞培格將她多年在新生嬰兒疾病上的研究與經驗，與瓊・貝克（Joan

Beck）合作書寫出版了一本著名的書籍《我的嬰兒還好嗎？》（Is My Baby All Right? A Guide to Birth Defects），提供許多父母實際有用的參考資訊。另外在一九七一至一九七四年間，她還在康乃爾大學醫學院擔任兒科的臨床教授，講授嬰兒先天缺陷方面的課程，成為美國首先開設這方面課程的第一人。一九七三年間，她也在約翰霍普金斯大學的公共衛生學院擔任醫學遺傳學的特約講員。

亞培格一生共發表了六十餘篇學術論文和許多科普文章，她對新生嬰兒健康的貢獻，受到舉世的肯定與尊崇。她也是許多學會的會員，並獲選為三項學會的會士，分別為紐約醫學會、美國公共衛生學會以及紐約科學學會等。

在學術榮譽方面，亞培格共獲有三項榮譽博士學位，分別得自賓州女子醫學院（1964）、她的大學部母校——麻州的曼荷蓮學院（Mount Holyoke College）（1965）以及新澤西州醫學與牙醫學院（1967）。在榮獲獎項方面，則包括美國女子醫學學會的伊莉莎白・布萊克威爾獎（1960）、美國麻醉學會的傑出服務獎（1961）、哥倫比亞大學傑出成就校友金質獎章（1973）、美國麻醉學會羅夫・華特斯獎項（1973）以及女性家庭期刊的年度科學風雲人物（1973）等。

一九九四年，亞培格去世二十週年時，美國郵政局也特別為她出版了一張紀念郵票，這是美國郵政史上第三位獲此殊榮的女性醫師。由於亞培格的貢獻和影響深遠，一九九五年十月十四日，她也正式被列入美國國家女性名人堂，永受後世尊崇。一九九九年，「美國國家女性歷史人物計畫」也特定一個「女性歷史月份」來紀念亞培格。

留下四把自製提琴

亞培格自幼便是一位音樂愛好者，拉得一手好提琴。她常藉工作出差到其他城市之際，加入當地室內樂團體，於晚間演奏一場音樂會。她在一九五六年結識了一位中學科學老師，也是一位音樂愛好者的哈欽斯女士（Mrs. Carleen Hutchings）。哈欽斯會製作小提琴，有一次住院手術之前，亞培格來探望她，於是她便請亞培格試拉她自製的小提琴。亞培格立刻被這小提琴的音色迷住了，於是便開始向哈欽斯女士學習製作提琴的技巧。

為了製作樂器，亞培格經常留意適合製作提琴的好木頭。一九五七年哈欽斯女士發現亞培格工作的哥倫比亞大學醫學院大廳中有一座公共電話亭，裡面的木架是由上等的曲紋楓木製成，極為適合製造提琴。她們知道如果利用正常管道向學校申請取得，要經歷冗長的官僚程序，於是她們二人採取了一個出人意表的方式來取得，後來此事件還被紐約時報作成一篇報導，標題是「電話亭惡作劇」。故事經過是這樣的，她們利用一塊裁成相同大小的替代木頭，染成相同顏色，然後利用晚間去執行「狸貓換太子」的任務。哈欽斯動手拆裝，亞培格則穿上醫院制服，在一旁把風。每當有人接近時，亞培格就會敲敲電話亭的門，哈欽斯就假裝投入硬幣在打電話。如此這般的偷天換日一番，終於成功取得心儀已久的木頭。亞培格於是利用這塊來之不易的木頭，製成一把中提琴。總之，亞培格一生共製作了四把提琴：一把小提琴、一把次高音小提琴、一把中提琴以及一把大提琴。這四個樂器之後捐給了哥倫比亞大學，並提供外界人士借用。

一九九四年美國兒科醫學會在德州達拉斯召開年會，也是美國郵政局發行紀念亞培格郵票之際，一個稱之為「亞培格弦樂四重奏」的四位兒科醫師便利用這四把亞培格製作的提琴，分別在晚宴以及發行郵票紀念儀式上演奏了二場音樂會。參加演奏的四位醫師分別是：知名大提琴家馬友友的姊姊馬有乘（Yeou-Cheng Ma）演奏小提琴、瑪莉・荷威爾（Mary Howell）演奏次高音小提琴、羅伯・李文（Robert Levine）演奏中提琴、以及尼克・康寧翰（Nick Cunningham）演奏大提琴。這是科學界上難得的一段溫馨佳話。音樂是亞培格生命中的一項重要元素，而亞培格本人也就像一曲美妙的音樂，鼓舞與照亮了無數的生靈。

亞培格在她的時代，本來可以輕鬆走上外科醫師之路。但是由於當時缺乏麻醉醫師，於是她毅然走向一條不同的道路，並將她的心血全部都奉獻給新生嬰兒；她本來有機會擔任她所首創的麻醉科主管，卻由於時代對女性的不公平，錯失機會，但是她並不氣餒，反而在研究路途上海闊天空，作出對人類健康福祉更大的貢獻。儘管大環境對女性並不友善，她仍能掌握契機，以堅毅不拔的勇氣創造出更高的榮譽。她曾說：「女性自從出生那一刻開始，便已獲得解放。」她是人類的光輝，也是所有女性的榜樣。

科學家小事典

維吉妮雅・亞培格

・設計出評估新生嬰兒之亞培格量表。

・為小兒麻痺症奔走募款，推廣德國麻疹疫苗。

（photo credit : Public Domain Image）

解出 DNA 雙股螺旋結構之幕後功臣
——**羅莎琳・艾西・富蘭克林**

（Rosalind Elsie Franklin, 1920 ～ 1958）

「從所有的生物特性來看，DNA都是極其複雜的。但是從X射線繞射圖顯示，它的基本分子結構卻又極其簡單。」

——羅莎琳・艾西・富蘭克林

羅莎琳・艾西・富蘭克林（Rosalind Elsie Franklin）是一位生物化學家，除了對於煤炭與病毒的結構有重要的發現外，更重要的是她對於DNA結晶體所做的X射線繞射圖，提供了DNA結構的重要線索。她的研究結果，促成華生（James Watson, 1928-）與克里克（Francis Click, 1916-2004）之後解出DNA雙股螺旋的結構，使華生和克里克共同與威爾金斯（Maurice Wilkins, 1916-2004）獲得一九六二年的諾貝爾獎。但是做出如此重要貢獻的富蘭克林，卻成為諾貝爾獎的遺珠。

放棄繼承家業，立志科學研究

羅莎琳・艾西・富蘭克林（以下簡稱富蘭克林）於一九二〇年七月二十五日出生在英國倫敦的一個猶太裔家庭，在五個子女中排行老二。父親是埃利斯（Ellis Franklin），母親名為穆麗爾・瑋莉（Muriel Waley Franklin）。羅莎琳的曾祖父亞伯拉罕（Abraham Franklin）最早於一七六三年從德國移居到倫敦，從此定居下來。她的父親除了在工人學院（Working Men’s College）擔任教授外，同時還在一家商業銀行兼職，家境富裕且重視教育。

父親本來並不鼓勵她去發展自己的職涯，而期望她能繼承家族的傳統，去幫助社會上的弱勢成員，使他們能適得其所。但富蘭克林顯然有自己的想法，並未依照父親的期望前進。

富蘭克林自幼便非常聰穎，兒童時期時常以做算數題目來自娛，親友對她的評語是「驚人的聰明」。中學時就讀於聖保羅女子學校（St. Paul's Girls' School），這是當時少數對女學生教授科學課程的學校。富蘭克林在校非常喜歡物理與化學，因成績優異而獲得許多獎學金，年方十五便立志以科學研究為終身的志願。一九三八年中學畢業後，她先到巴黎短暫學習了一陣子法文，同年獲得英國劍橋大學紐納姆學院（Newnham College）的入學許可，並且得到每年三十英鎊共三年的獎學金。由於家境富裕，因此她應父親的要求，將該筆獎學金轉送給一位有需要的難民同學。大學時期她主修化學，在校成績優異，於一九四一年以榮譽學士學位畢業。

富蘭克林接著又獲得一筆同校的研究所獎學金，在諾瑞許教授（Ronald G. W. Norrish, 1897-1978）實驗室研習氣相色層分析。但因為二人相處不和，所以一年之後便離開諾瑞許實驗室，轉到「英國煤炭利用研究學會」擔任研究助理，並兼顧研究所學業。在這所實驗室中，她利用先前學得的物理化學知識，開始來進行煤炭顯微結構的研究。從一九四二至一九四六年，共發表了五篇研究論文，其中三篇是由她獨自掛名為單一作者的論文。一九四五年，她將一篇《與煤炭和固體材料有關之固態有機膠質的物理化學特性》論文呈交劍橋大學，而獲得博士學位。

巴黎歲月

一九四六年富蘭克林到倫敦參加一個碳化學研討會，並發表一篇論文。在會中，她遇到著名法國科學家馬修博士（Dr. Marcel Mathieu）。馬修對她的論文和研究能力印象深刻，由於馬修剛好負責一項法國政府的研究計畫，於是便邀富蘭克林到法國「國家化學中心服務實驗室」擔任研究員，富蘭克林欣然接受，並於一九四七年二月赴巴黎就職。她首先在知名科學家梅林博士（Dr. Jacques Mehring）的督導下進行研究工作，學會了X射線繞射技術，用來觀察並描述碳的結構，以及當碳加熱形成石墨時的變化。這個技術也對於她日後研究DNA結構時，有非常重要的幫助。

富蘭克林是一位勤奮工作的科學家，個性隨和易於相處，也很快學會了流利的法語。根據一位同事盧薩蒂（Vittorio Luzzati）的說法，富蘭克林經常參與午餐時的討論，對政治、哲學、乃至人權都有興趣，能與同事愉快相處；也熱中於許多運動，諸如游泳、爬山、與健行等。在穿著方面，非常時尚優雅。她的一位密友安・派珀（Anne Piper）認為這是富蘭克林一生中最快樂的一段時光，也從未遭受到任何的性別歧視。

由於富蘭克林不是法國公民，因此這份工作不是永久職，在工作一陣子之後，她必須另外尋找工作。此時英國倫敦國王學院的一位藍道博士（Dr. John Randall, 1905-1984）有興趣要以X射線繞射技術來研究DNA的結構，便邀請富蘭克林到他的實驗室工作。這對富蘭克林是一個兩難的抉擇，因為她非常喜歡巴黎的生活，但是這個英國的工作又充滿吸引力。於是她徵詢知名的英國女化學家桃樂絲・霍奇金（Dr. Dorothy Hodgkin）的意見（霍奇金之後於一九六四年，因研究X射線結晶學定出維他命B_{12}的結構而榮獲諾貝爾化學獎），霍奇金非常鼓勵羅莎琳回到英國工作。

與威爾金斯的糾結

富蘭克林於一九五一年回到英國，進入藍道博士的實驗室開始從事DNA結構的研究。她與一位藍道的博士班學生雷蒙・葛斯林（Raymond Gosling）密切合作，試圖製出

DNA清晰的X射線繞射圖。然而藍道卻因疏忽，未告知實驗室中的另一位正在外地度假的研究員威爾金斯，富蘭克林要來負責X射線繞射方面研究。資深的威爾金斯，認為富蘭克林只不過是藍道請來協助他的一位助理，因此當他度假歸來時，發現實驗室竟然被富蘭克林重新規劃與整理，心中非常不快而結下心結。此外，本來接受威爾金斯指導的研究生葛斯林，也歸富蘭克林博士來指導，更加深了二人的誤會與摩擦。

更甚者，英國當時的學術環境也對女性研究人員很不友善。例如，供研究人員聚會與午餐的場所，本來一向是男人的天下，許多從軍隊退伍的研究人員於此高談闊論暢飲啤酒，現在突然多了一位女性出現，令大家感到尷尬與不便。

但是富蘭克林可不是一位逆來順受的柔弱女性，她的家庭一向是對所有子女公平看待，同時在法國工作時也從未受到性別上的差別待遇。因此她以溫和有禮的態度但卻堅持平等的原則，與所有的同僚相處。

可是她與威爾金斯間的關係，卻一直都無法改善。他們都畢業於劍橋大學，都在海外待過，有著共同的背景。他們可以談論戲劇、書籍甚至政治，但是對科學卻絕口不提。威爾金斯是一個說話輕聲細語、深思熟慮又個性內向的人，在他的眼中，富蘭克林是一位專橫的、傲慢的以及氣量狹小的人；而富蘭克林則是說話口齒伶俐、單刀直入，好勝又充滿熱情。他們二人之間的化學氣氛，真可說是一點都不對盤。

研究DNA結構

儘管二人相處不來，但是實驗卻進行得很順利。例如富蘭克林用X射線所照射的DNA材料，就是威爾金斯從一位瑞士朋友處取得的。

在富蘭克林加入實驗室沒幾個月後，就有了重要的發現。一九五一年十一月，她在演講中公開發表了DNA具有A型（乾燥型）與B型（濕型）二種類型；透過X射線繞射圖的分析，她發現A型DNA在逐漸增加濕度之後，會轉變成為B型DNA。她也提議DNA中的磷酸基，應該位於DNA分子結構的外側。臺下的聽眾之一，正是後來解出DNA雙股螺旋結構的華生。

當時剛取得博士學位的華生，正與一位博士班研究生克里克，在威廉・勞倫斯・布拉格爵士（Sir William Lawrence Bragg, 1890-1971）的指導下，於劍橋大學卡文迪許實驗室（Cavendish Laboratory）從事研究工作，他們二人對DNA分子結構的研究非常有興趣。華生與克里克曾製出一個DNA的分子模型，並邀請富蘭克林前來觀看，但富蘭克林對這個模型提出了尖銳的批評，並指出其中嚴重的缺陷，而當華生邀請富蘭克林加入他們的團隊共同合作時，沒想到卻被富蘭克林一口就拒絕了。

由於布拉格爵士認為這個不成熟的模型非常失敗而丟臉，因此要求華生與克里克停止製造DNA模型，改作其他的研究。種種因素，使得華生對富蘭克林開始產生敵意。

一九五二年年底，華生得知美國著名的化學大師萊納斯・鮑林（Linus Paulin, 1901-1994）也正在研究DNA的結構，並且即將投稿發表研究結果。華生非常沮喪的去見了富蘭克林，談論到即將失去首先發現DNA結構的榮譽，並暗示富蘭克林的研究對解出DNA的結構似乎沒有什麼價值，二人話不投機，竟起了嚴重的衝突，最後不歡而散。華生事後刻薄而尖酸地描述此次的會面，表示「若不是他即時逃離，恐怕會被富蘭克林踢出她的辦公室」，二人的關係簡直跌到谷底。

然而後來鮑林當時提出的DNA結構是錯誤的，因為他所引用之DNA的X射線圖來自於A型與B型混合的樣本，因而做出錯誤的判斷。

華生與克里克接下來仍繼續研究如何製出DNA的正確模型，但是要從富蘭克林處取得DNA的X射線繞射圖顯然是不可能了。然而威爾金斯不知從何處取得一張富蘭克林與葛斯林所攝製的一張極為清晰之DNA的X射線繞射圖（威爾金斯將之標示為第五十一號圖片），在未取得富蘭克林的同意之下，竟然將之交給華生觀看，心思敏銳的華生，立刻從圖片中看出了端倪。

他從圖上觀察出ＤＮＡ為雙股螺旋結構的明確證據，且螺距間的距離為三十四埃（angstrom, 1 Å = 10^{-10} 米），於是他立刻返回劍橋實驗室，與克里克著手修正他們的模型。在綜合所有的研究證據之後，包括埃爾文・查加夫（Erwin Chargaff, 1905-2002）在一九五〇年對ＤＮＡ化學分析時所發現的A=T與G=C組成（稱為查加夫定律），他們二人很快便推導出ＤＮＡ模型的正確結構。一九五三年二月二十八日，華生與克里克還特地邀請了富蘭克林來觀看他們所組出的ＤＮＡ模型，而富蘭克林也立即證實了此模型的正確性。

華生與克里克立刻將此ＤＮＡ的結構寫成一篇論文〈核酸的分子結構：ＤＮＡ的結構〉投稿到《自然》（Nature）期刊，並於一九五三年四月二十五日正式發表，而這篇僅僅一頁的短短文章就成為之後他們獲得諾貝爾獎的最主要依據。在這篇文章中，他們只引用了包括查加夫、鮑林以及威爾金斯在內的六篇文獻，對於富蘭克林的重要貢獻竟然隻字未提。

同期的《自然》期刊上，還刊登了威爾金斯與另二位作者的一篇文章〈ＤＮＡ的分子結構〉，他們以X射線繞射圖提出支持華生與克里克模型的證據。遺憾的是，威爾金斯的這篇文章也未提及富蘭克林的重要貢獻。而之後一九六二年的諾貝爾獎項就以這二篇論文為依據，頒發給華生、克里克與威爾金斯。在這發現DNA結構的過程中，做出關鍵貢獻的富蘭克林竟成了遺珠。

富蘭克林除了在華生與克里克之前便已經推論出DNA的糖—磷酸基骨架，並製出清晰的X射線繞射圖外，她當時正忙著研究A型DNA，並未將重點放在B型DNA的結構上（華生與克里克是以B型DNA為對象做出正確的分子結構模型）。事實上，在同一期的《自然》期刊上，富蘭克林與葛斯林也發表了一篇文章〈胸腺核酸的分子結構〉。而在三個月之後的《自然》期刊上，富蘭克林還正式對DNA的雙股螺旋結構提出了實驗證據，發表了一篇文章〈DNA結晶構造之雙股螺旋證據〉，在在證明了她在DNA結構上的重要貢獻。

然而當時的研究環境，對女性科學家極不友善，性別上的歧視與刻意忽視女性科學家的貢獻，往往無法彰顯她們該得到的榮譽，富蘭克林的遭遇正是一個典型的例子。

研究病毒結構

一九五三年三月，富蘭克林決定離開倫敦大學國王學院蘭道的實驗室，進入同屬倫敦大學伯克貝克學院（Birkbeck College）伯納爾（John Desmond Bernal, 1901-1971）的實驗室工作。蘭道在富蘭克林離開時向她表明，ＤＮＡ結構是蘭道實驗室的研究主題，一旦離開之後便不能再繼續從事ＤＮＡ結構方面的研究。

威爾金斯則幸災樂禍地對克里克說：「黑暗女士（The dark lady）終於要離開了。」幸好葛斯林還對她忠心耿耿，不理會蘭道等人的看法，私底下常找富蘭克林討論研究上的事情。

伯納爾是一位專門以X射線研究各種生物分子與病毒結構的學者，富蘭克林進入他的實驗室之後，第一個研究主題便是菸草鑲嵌病毒（tobacco mosaic virus, TMV）的結構。實驗室的規模雖然比不上蘭道實驗室，但是富蘭克林卻甘之若飴。

她在此充分發揮自己在X射線繞射技術上的專長，短短三年間便得到有史以來最清晰的ＴＭＶ結構照片，成功地推翻前人認為ＴＭＶ為實心的筒狀結構，而證明其是一個空心的蛋白質筒狀結構，中心則盤繞著單股的ＲＮＡ。此外她也證實ＴＭＶ病毒的長度是均一的，每個病毒的長度約為三百奈米。這是病毒學史上首次對ＴＭＶ結構有如此清晰的了解，富蘭克林的貢獻是無與倫比的。

一九五六年夏天，富蘭克林到美國訪問，參觀了好幾所研究單位，包括加州理工學院、華盛頓大學、耶魯大學以及加州柏克萊大學等。在柏克萊，她與首位純化出ＴＭＶ結晶而榮獲一九四六年諾貝爾的病毒學大師溫德爾．史丹利（Wendell Stanley, 1904-1971）合作研究了一個月，獲益良多。

以生命換取研究成果

然而在她回到英國之後，卻突然發現身體不適。經過診斷是罹患了卵巢癌，也立刻進行了手術切除，次年又動了第二次手術。雖然健康出了狀況，但是富蘭克林仍繼續到實驗室研究脊髓灰質炎病毒（poliovirus，或稱為小兒痲痺症病毒）。一九五七年，世界博覽會即將於次年在比利時首都布魯塞爾舉行，籌備委員會擬在會中展出一個ＴＭＶ病毒模型，因此特別商請富蘭克林的團隊製作一個高約達兩公尺的模型展出。

然而她的病情卻不容她親眼目睹這個模型的完成，一九五八年四月十六日，因卵巢癌復發而不幸英年早逝，得年僅三十八歲。這個ＴＭＶ模型在世界博覽會展出之後，目前已經移放在劍橋大學分子生物學系的走廊上，供後人憑弔與緬懷。

富蘭克林的去世，震驚了科學界。世人普遍認為這是因為她長期過度暴露於X射線之下所導致的後果，如果能夠在實驗時有所節制，或許她能夠活得更長久些。但是若非如此，在當時的環境之下她又何從製出這些清晰的X射線圖片促進科學的進步？如果生命能更重新來過，富蘭克林還會做出相同的抉擇嗎？

還原真相與公道

一九六八年，華生出版了一本自傳式的科普書籍《雙股螺旋：發現ＤＮＡ結構的自述》（The Double Helix: A Personal Account of the Discovery of the Structure of DNA），述說了發現ＤＮＡ結構的過程與參與人員之間的恩恩怨怨。他在書中對富蘭克林的描述，充滿了偏見與歧視。例如他擅自將羅莎琳・富蘭克林稱呼為「羅西」（Rosy），說她是一個不重視外表的書呆子，固執、好強又缺乏女性氣質，甚至猜測她來自於一個不幸福的家庭，事實上，富蘭克林一輩子都從未使用過羅西這個稱呼。

書中也誤認富蘭克林是威爾金斯的屬下，是一個不服從上級的不合作者。更嚴重的是，指控富蘭克林即使擁有不錯的X射線照片，也沒有能力將之詮釋出DNA的結構，幸好此時富蘭克林已經去世，否則真是情何以堪。

然而華生這些指控是完全沒有根據的，也與事實不符。與富蘭克相處過的同僚，都認為她是一位真情流露、熱情又友善的女子，非常好相處。連克里克也認為，富蘭克林距離解出DNA的結構，僅差臨門一腳。如果不是他與華生搶先解出DNA的結構，富蘭克林遲早也會解出來的。

雖然富蘭克林生前不但未得到該有的榮耀，甚至受到一些人士的忌妒、非議與不公平的評論，但是事實勝於雄辯，她對科學所做出的貢獻有目共睹，後人也逐漸改變了對她的觀感。甚至當年對她百般詆毀的華生，在四、五十年之後的一次演講中，也公開承認富蘭克林的X射線照片是他們能夠解出DNA結構的關鍵，還給富蘭克林一個遲來的公道。

二〇〇三年，倫敦大學國王學院將滑鐵盧校區（Waterloo Campus）的一棟新研究大樓命名為富蘭克林—威爾金斯館（Franklin-Wilkins Building），以表彰這二位傑出的學校研究人員在生命科學上所作出的重大貢獻。而位於倫敦的富蘭克林故居，也已貼上藍色牌匾列為英國重要遺產。

此外，成立於一九一二年的美國芝加哥醫學院（The Chicago Medical School），在一九九三年改為芬奇健康科學大學（Finch University of Health Sciences），更於二〇〇四年改名為羅莎琳・富蘭克林醫學大學（Rosalind Franklin University of Medicine and Science），用來紀念這位令人懷念的卓越科學家。學校的宗旨就是強調探究精神、勤勉向學以及學術卓越（A spirit of inquiry, diligence, and academic excellence），這正是富蘭克林短短一生不計毀譽而盡其在我的真實寫照。

女性面臨嫉妒競爭外，還有歧視

任何科學上的重大發現，只有第一名，沒有第二名。因此專業上的競爭與忌妒，往往普遍存在於科學界中。誠如第一位發現抗生素的亞歷山大・弗萊明（Alexander Fleming, 1881-1955）所言：「專業上的忌妒，是極其野蠻與可怕的現象。」如果再加上性別歧視的推波助瀾，女性科學家所面臨的壁壘，是許多男性所無法想像的。

不幸的是，富蘭克林所處的時代與環境，正是充滿了科學競爭與對女性的偏見和歧視。許多女性科學家在研究上所作出的卓越貢獻，往往無法得到同僚的肯定，反而是被曲解與嘲弄。所幸人類文明不斷的進步，近代女性在從事科學研究的環境上，已經大有改善，但是距離得到與男性完全相同的待遇，則還有很長的一段路要走。富蘭克林的故事，值得大家深思與反省，也給我們上了極其寶貴的一課。

科學家小事典

羅莎琳・艾西・富蘭克林

・製作DNA之X射線繞射圖，促使DNA雙股螺旋結構被發現。

・拍攝TMV結構照片，使世人首次瞭解此病毒之結構。

(photo credit : 黃詩厚)

立志成為女性科學家的代言人
——**黃詩厚**

（Alice Shih-Hou Huang, 1939 ～ ）

「運氣好雖然有幫助，但是努力工作與投入更重要。」
——黃詩厚

黃詩厚（Dr. Alice Shih-Hou Hung, 1939-）是微生物學家與分子生物學家，她首先在水泡性口炎病毒（vesicular stomatitis virus, VSV）中發現了ＲＮＡ聚合酶，促成她的丈夫大衛・巴爾的摩（David Baltimore, 1938-）之後能夠在此基礎上發現ＤＮＡ反轉錄酶，而榮獲一九七五年之諾貝爾獎。她一生鑽研ＲＮＡ病毒的繁殖，在病毒繁殖與致病機制上有重要的貢獻，許多發現已經成為現今教科書中的經典文獻。

她也是一位傑出的教育學家，尤其是在促進女性與少數族裔從事科學研究上貢獻卓著。她是我國中央研究院第十八屆院士，並在二〇一〇年榮膺美國科學促進會（American Association for the Advancement of Science, AAAS）的會長，成為該會一百六十餘年歷史上第一位亞裔主席，她的經歷對於鼓勵女性與少數民族從事科學研究，具有極大的鼓勵作用。

不僅醫治一些人，更想造福全人類

黃詩厚於一九三九年三月二十二日出生在中國江西省的南昌市，祖籍貴州，是家中四個子女中最小的一位。她的父親黃奎元早年是一個孤兒，被教會收養後留學美國，回中國後成為中華聖公會雲貴教區的主教。她的母親來自於一個信奉基督教的富裕家庭，與黃奎元結婚生下四位子女之後，於四十五歲時重回學校念護理，是一位思想新潮的女士。一九四九年，中國大陸國共內戰動盪不安之際，黃詩厚的父母全家移民美國，希望四位子女能在安定的環境中接受教育，當時她連一句英文都不會講。

幼年的黃詩厚進入寄宿學校完成小學和中學學業，高中三年級時歸化為美國籍。於一九五七至一九五九年因獲得獎學金，而進入著名的衛斯理學院（Wellesley College）就讀。之後又進入約翰霍普金斯大學（Johns Hopkins University）醫學院，於一九六一年獲得人類生物學學士學位。她本有機會進入醫科成為醫師，但因見到一位滿身褥瘡的瀕臨死亡老人，心想一名醫師即使盡其全力，所能挽救的病人也很有限，或許成為醫師並不是她所真心想要的，但是如果能從事實驗科學，找出致病的原因，那就能造福全人類。因此她選擇留在約翰霍普金斯大學繼續讀研究所，主修微生物學，指導教授是知名的病毒學家華格納（Robert R. Wagner, 1923-2001）。

讀研究所時，她開始研究人類單純皰疹病毒與水泡性口炎病毒。雖然還只是學生，便有了重要的發現，成為首先發現缺陷干涉病毒粒子（defective interfering viral particles）的科學家，她認為這些病毒的突變，與其致病力有重要的關聯。她在研究生的階段便在重要的微生物學期刊上發表了七篇論文，於一九六六年獲得博士學位。

成家立業與夫婿攜手前進

一九六六年，剛畢業不久的黃詩厚受其姨父李國鼎先生（時任中華民國經濟部長）之邀，來到臺灣大學擔任副教授，並曾在中央研究院演講。一年之後，又重新回到美國，在加州聖地牙哥的沙克研究院（Salk Institute），於大衛‧巴爾的摩的實驗室中從事博士後研究。她與巴爾的摩一見鍾情，並於一九六八年共結連理，二人一生的事業與家庭也從此開始邁向巔峰。

同年，巴爾的摩應邀到麻省理工學院（Massachusetts Institute of Technology, MIT）任教。黃詩厚與夫婿一同搬遷到麻州，並擔任了一年的博士後研究。一九六九年，她成為麻省理工學院生物系的研究員，並以病毒缺陷干涉粒子獲得第一件專利。

此外，她還發展出測試細菌附著力的技術，也獲得另一件專利。依據當時分子生物學界的中心法則（central dogma），學界一致認為ＤＮＡ可透過轉錄作用製造出ＲＮＡ，然後ＲＮＡ再透過轉譯作用製造出蛋白質。而黃詩厚與巴爾的摩的研究，則專注於病毒的繁殖，研究RNA病毒如何於宿主細胞內複製出其RNA基因體。他們首先發現了一種RNA聚合酶可利用原先的病毒RNA作為模板，複製出新的RNA基因體。他們合作發表了一系列的論文，闡述RNA聚合酶的複製方式與調控機制。

這些研究經驗與成果，奠定了巴爾的摩之後發現反轉錄酶，利用RNA為模板來製造出DNA的重大發現基礎，進而使巴爾的摩榮獲一九七五年的諾貝爾獎。

研究與行政管理齊頭並進

一九七一年，黃詩厚應哈佛大學醫學院之邀，擔任微生物與分子遺傳學的助理教授，有了自己的實驗室與獨立研究的主題。哈佛大學是一個競爭非常激烈的學校，但黃詩厚顯然適應良好，很快便自研究中得到許多重要的發現，並分別於一九七三年與一九七九年榮升副教授與正教授。同時間，一九七一至一九七三年間也擔任波士頓市立醫院醫學微生物系的兼任科學家，以及一九七九至一九八九年間擔任波士頓兒童醫院傳染病實驗室的主任。

在研究上，黃詩厚專注於病毒的繁殖與調控，利用一種類狂犬病病毒作為模式，分離出各種突變缺陷株，來研究此病毒的感染機制，她明確地證實了病毒的突變可影響其致病力。她也首先發現具有套膜的病毒（包括人類免疫不全病毒ＨＩＶ以及皰疹單純病毒ＨＳＶ），無論其遺傳物質是ＤＮＡ或ＲＮＡ，當套膜上的醣蛋白發生改變時，其抗原性以及可感染的宿主範圍也會隨之改變。這些發現，對於病毒疾病的治療與開發出疫苗來預防，都具有重大的貢獻。

黃詩厚不但在學術專業上有傑出的表現，同時在服務與行政上的能力也備受同儕肯定。她在一九八八年膺選為美國微生物學會的主席，當時的會員人數超過四萬五千人，是美國最大的學術團體，她也因此成為美國有史以來第一位亞裔的國家學會主席。在美國的學術團體中，女性擔任主席已是非常罕見的，更何況還是一位亞裔的女性！

此外，她也活躍於美國科學促進會（AAAS）、美國生物化學與分子生物學學會、Sigma Xi 科學研究學會、美國女性科家學會、美國傳染病學會、美國病毒學學會、美國華裔生物學家學會以及紐約州科學院等，為各種專業學術團體貢獻一己的專長。一九九一至一九九七年間，她接受紐約大學之邀，出任理學院院長一職；於此期間她還在一九九二與一九九三年擔任約翰霍普金斯大學董事會的董事。一九九八年，她又轉到加州理工學院，擔任生物系的教職與對外關係的資深顧問。

雖然花費了許多心力在行政工作上，但是她從未離開過實驗室的基礎研究。她常對學生說：「每當獲得新的科學資訊與知識，都能使我心情特別愉悅。」她對研究工作的熱情，往往鼓舞了周遭的同僚與學生，她也一直不停地將研究發現發表成論文。除此而外，她也擔任許多重要科學期刊的編輯，審查其他科學家投稿的論文，提供修改文稿的建議。

由於在學術上的成就，黃詩厚經常受邀到各大學與學術團體擔任客座或講者。例如紐約的洛克斐勒大學、哈佛大學、麻省理工學院、密西西比大學、華盛頓大學、日本數學學會、紐約大學等，都曾邀請她利用寒暑假期間前往做短期的客座訪問學者。黃詩厚也從未忘記過她華人的血統，經常來臺參加各種學術活動，並在一九九〇年膺選為中華民國中央研究院第十八屆院士，不時參加院會活動，為我國的科學發展提出建言。此外，她也擔任過新加坡診斷生技公司（Diagnostic Biotech Ltd.）的科學顧問，以及基因科技（Gene Sing Inc.）公司的總裁，在生技產業上的發展盡一己之力。一九九九年，為了推崇她對新加坡科技發展與產業上的貢獻，新加坡植物園中還將一種蘭花的名稱以她的名字來命名呢。

立志做女性科學家的代言人

在研究工作上與擔任行政工作的過程中，黃詩厚深深體會到女性科學家在許多方面所面臨的艱困，因此下定決心要做一名女性科學家的代言人。她以身作則，除了在基礎科學研究上孜孜不懈外，並且大力推廣教育，鼓勵女性從事科學研究，並設法改善女性科學家在學術環境中所遭受到的不平等待遇。

她曾說過：「當我們提及科學和工程學界的女性時，常常發現的是正在衰退的數字、更低的收入、女性面臨的許多困難、女性需要做出的個人犧牲。」許多女性常被認為不需要太高的職位與待遇，她們最好是優先照顧好家庭，個人的志向應該放在其次。黃詩厚對這種觀點不以為然，她認為任何人從事科學研究，都應該能從其中得到樂趣與回報。因此在她擔任美國微生物學會會長期間，竭力協助女性微生物學家，也和一些志同道合的夥伴，在學會中成立了一個女性地位委員會，促進女性微生物學家會員的升遷與地位。她在這些委員會中，無論擔任任何職務，都克盡其職並盡力促進女性與少數族裔的地位與福利，她的行為廣受大家的推崇。

另外值得一提的是，依西方慣例，女性結婚之後都會冠上夫姓。許多知名的女性科學家，例如發現放射性元素鐳而得到二次諾貝爾獎的居禮夫人、研究醣類代謝的一代宗師葛蒂・柯里都是以夫姓而聞名。但黃詩厚顯然有自己的主見，雖然她的夫婿是大名鼎鼎的巴爾的摩，但她始終以自己的本名在科學界奮鬥，並在自己專長的領域中作出令人敬佩的成績。作為女性科學家的代言人，黃詩厚是一位稱職又傑出的代表性人物。

由於黃詩厚在學術與行政上的傑出表現，使她獲得了無數的獎項與榮譽，洋洋灑灑不及備載。舉其要者，如衛斯理學院之學術榮譽獎，美國麻州惠頓學院（Wheaton College）、曼荷蓮學院（Mount Holyoke College）、賓州醫學院（Medical College of Pennsylvania）之榮譽博士學位、我國中央研究院院士以及各專業學術團體所頒發的數十項榮譽講座與學術成就獎等。

由於特別重視教育，黃詩厚一直不遺餘力地鼓勵與提攜後進，屢屢擔任學生學術生涯的導師，尤其是對女性與少數族裔的後輩更是不吝花費心力來協助他們。此外她也在許多學校的國際相關組織中，擔任委員與提供建言，促進國際間的學術交流，將一位大學教授能盡的責任，發揮到極致。

個人生活精采多姿

黃詩厚家庭和樂，近來與其夫婿大衛・巴爾的摩居住在加州的帕薩迪納，二人仍在工作崗位上繼續前進。他們育有一個女兒，從耶魯大學畢業後在紐約市從事網路媒體工作。黃詩厚不僅在學術上有不凡的成就，私底下也是一位熱愛生命而活出精采人生的人，喜歡駕駛帆船、浮潛，還擁有飛行員駕照。

曾有記者問她，她的丈夫是一九七五年諾貝爾醫學獎得主，二人的年齡相仿，研究的領域又相同，且都曾擔任過美國科學促進會的會長，是否有工作上競爭的關係？黃詩厚回答說：「我們兩人是最好的朋友。有時候我會忌妒他總是得到所有的資金，但同時我對他的成就也感到無比驕傲。我們之間並沒有競爭，反而會互相幫助。」記者又問她是否會提醒巴爾的摩，那份諾貝爾獎她也有功勞？她幽默地說：「我不會提醒他，但別人都會提醒他。」夫妻鶼鰈情深，可見一斑。

黃詩厚是現代女性的典範，也是華人之光，而她不僅在學術上做出重要貢獻，也使女性與少數族裔的地位在國際上提升，值得敬佩。她曾被問到，希望將來世人以何種眼光來看待她？她爽朗地回答說：「我從未嘗試去猜想歷史會如何看待一個人，我只希望活在世上的人能用愛心來記住我。」

黃詩厚

科學家小事典

・發現RNA聚合酶，成為發現DNA反轉錄酶之關鍵。

・美國科學促進會歷史上第一位亞裔主席。

國家圖書館出版品預行編目(CIP)資料

顯微鏡後的隱藏者：改變世界的女性科學家 / 劉仲康,
鍾金湯 作. -- 初版. -- 新北市：臺灣商務, 2020.06
272面；14.8X21公分

ISBN 978-957-05-3270-8(平裝)

1. 科學家 2. 女性傳記 3. 通俗作品

309.9　　109005437

人文

顯微鏡後的隱藏者

改變世界的女性科學家

作　　者－劉仲康 鍾金湯
發 行 人－王春申
總 編 輯－張曉蕊
責任編輯－何宜儀
特約編輯－葛晶瑩
封面設計－王祥樺
版型設計－菩薩蠻電腦科技有限公司
營業組長－何思頓
行銷組長－張家舜
出版發行－臺灣商務印書館股份有限公司
23141 新北市新店區民權路 108-3 號 5 樓（同門市地址）
電話：（02）8667-3712　傳真：（02）8667-3709
讀者服務專線：0800056196
郵撥：0000165-1
E-mail：ecptw@cptw.com.tw
網路書店網址：www.cptw.com.tw
Facebook：facebook.com.tw/ecptw

局版北市業字第 993 號
初版一刷：2020 年 6 月
印刷廠：鴻霖印刷傳媒股份有限公司
定價：新台幣 380 元

法律顧問－何一芃律師事務所